www.ingramcontent.com/pod-product-compliance
Ingram Content Group UK Ltd.
Pitfield, Milton Keynes, MK11 3LW, UK
UKHW041318190726
13845UKWH00025B/345

9 789360 060008

الوهم والواقع:
بين الفيزياء والوعي

الدكتورة ريم أحمد البوعينين

WINGS
PUBLICATION
INTERNATIONAL
We Give Wings to Your Dream!

Disclaimer

WINGS PUBLICATION INTERNATIONAL
WE GIVE WINGS TO YOUR DREAM!

Registered Office- Wings Publication International
Sharjah Publishing City, Sharjah, United Arab Emirate (UAE)
Website: http://www. wingspublication. com
Email: mybook@wingspublication. com

First Published by WINGS PUBLICATION INTERNATIONAL 2025

Title: ILLUSION AND REALITY: BETWEEN PHYSICS AND CONSCIOUSNESS

Price: RS 599 | AED 80

ISBN 978-93-6006-000-8

LIMITS OF LIABILITY/DISCLAIMER OF WARRANTY

إهداء

إلى من كانت الحرف الأول في رحلتي،
إلى من علّمتني كيف أنطق الكلمة وأصنع الفكرة،
إلى من لم تكن تملك إلا قلبها... ووهبته لي كاملًا،

إليكِ، يا من كنتِ دائمًا البداية... والضوء في كل طريق،
إليكِ **يا أمي**، أهدي هذا الكتاب.

كما اهدي هذا الكتاب لمن اطلق شرارة فكرة هذا الكتاب منذ سنوات طويلة ،، اساتذة الفيزياء الأفاضل

الدكتور سامي منتصر (رحمه الله)

الدكتور صفوان عريقات

الفهرس

ما وراء المعادلة

لأعوام طويلة، كنت أؤمن أن العالم مكان دقيق يمكن رصده و قياسه، وأن الحقيقة تُسكن داخل المعادلات، وتُختصر في الأرقام التي تعبر عنها. كانت الفيزياء بالنسبة لي مرلة صافية تعكس الواقع كما هو، وما لا يرصد ولا يُقاس لا يُعتدّ به اطلاقا ، وما لا يخضع لنظرية لا يُسأل عنه. هكذا بدأت رحلتي الأكاديمية، منطلقةً من يقين علمي صلب، غذّته دراستي للفيزياء وشغفي الكبير بها وارتباطي العميق بقوانين الكون.

لكن شيئًا ما تغيّر.

حين غادرت قاعات المحاضرات وواجهت العالم خارج الأطر الأكاديمية العلمية البحتة، وجدت نفسي أمام أسئلة لا تُحيب عنها المعادلات. بدأت أدرس الفلسفة والعلوم الإنسانية، ثم غصت في التأمل والروحانيات، لا هربًا من العلم، بل بحثًا عمّا لم يقله. امتلكت أدوات التحليل، لكن أدركت أن بعض الحقائق لا تُختصر في الرموز، وبعض الأسئلة لا تُحاب عبر الحتميات.

اكتشفت أن الفيزياء ليست خاطئة، لكنها غير مكتملة. وأن الرياضيات، رغم عظمتها، لا تفسر الشعور، ولا تكشف سر الألم أو الشغف أو الأمل. لماذا يحدث لنا ما يحدث؟ هل ما يبدو عشوائيًا يحمل منطقًا خفيًا؟ وهل نحن

نعيش العالم كما هو، أم كما ندركه فقط؟

وحدت نفسي أقف عند مفترق طريقين:

طريق العلم الذي يُنظم الظواهر، وطريق الفلسفة الذي يتساءل عن معناها.

عالم يتحدث عن «الكم»، ولخر عن «الكينونة».

وهنا طفا السؤال: هل هناك فحوة بين العلم والفلسفة؟ أم أنهما يتحدثان عن الشيء ذاته بلغتين مختلفتين؟

هذا الكتاب هو ثمرة رحلة امتدت سنوات. لم تكن سعيًا وراء اليقين، بل بحثًا عن المعنى. استمعت لصوت الفيزياء حين تفسر كيف يعمل الكون، وأصغيت للفلسفة عندما لم أحد مبررًا لما يحدث لي او داخلي. هذا الكتاب وُلد من تزاوج بين قوانين المادة وحكمة المعنى.

فالفيزياء الحديثة لم تعد فقط علمًا للأشياء، بل بدأت تتقاطع مع أسئلة الوحود. النسبية قالت لنا إن الزمن ليس واحدًا للحميع. ميكانيكا الكم أخبرتنا أن الراصد يؤثر في النتيحة. تحربة الشق المزدوج حعلت من فعل المراقبة عاملًا في نشوء الواقع.

بدأتُ أدرك أن الوعي لم يعد ظاهرة بيولوجية فقط، بل عنصر في معادلة الواقع نفسه. وفحأة، وحدتني أقرأ عبارات قالها حورج بركلي أو بوذا أو ابن عربي... في سياق ميكانيكي كمومي. هل نعيش في كون «يتشكل حين نرصده»؟ هل وعينا يُشارك في بناء الواقع؟ هل الواقع حقيقة أم قصة نرويها؟

الأسئلة تكاثرت، والحدود بين العلم والفلسفة ذابت شيئًا فشيئًا. ظهرت نظريات عن الأكوان المتعددة، وعن الكون كمحاكاة، وعن أن الزمن وهم...

وأصبحت أقرأ الفيزياء كأنني أقرأ كتاب تصوّف قديم.

هذا ليس كتابًا في الفيزياء، ولا في الفلسفة، بل رحلة في المنطقة الرمادية بينهما. موجّه إلى القارئ الذي يشعر أن الواقع أعمق مما يُرى، وأن الحواس لا تُخبر بكل شيء.

إلى من لا يرضى بالإجابات السطحية، بل يتوق لفهمٍ يلامس العقل... ويحاور الروح.

سوف نسير معًا على الحدود الرقيقة بين النسبية والرمزية، بين التردد والنية، بين الحقل الكمومي والوعي الجمعي. لن تجد هنا يقينًا نهائيًا، بل دعوة دائمة للتأمل.

خريطة الكتاب:

- في الفصل الأول، نطرح السؤال: ما الواقع؟ ونقارن بين النظرة العلمية والفلسفية.
- ننتقل في الفصول التالية إلى المكان والزمان، وميكانيكا الكم، ثم إلى مفاهيم مثل الوعي، المحاكاة، الأكوان المتعددة، ونظرية الأوتار.
- نربط كل ذلك بالسؤال الأعمق: ما موقع الإنسان من هذه الصورة؟ هل هو راصد أم خالق مشارك في تشكيل التجربة؟

هذا الكتاب لن يقدّم لك «الحقيقة» كمنتج، بل سيصنع لك مرلة، قد ترى فيها عالماً مختلفا... أو قد ترى نفسك فيها لأول مرة.

ستكتشف أن المعادلة، مهما بدت موضوعية، لا تكتمل إلا حين تُضاف إليها نقطة: الوعي.

مرحبًا بك في الرحلة.

رحلة لا تبدأ من المعرفة... بل من الشك.

ولا تنتهي باليقين... بل بالبصيرة.

ربما، فقط ربما، ما كنت تبحث عنه لم يكن في الخارج أبدًا...

بل في زاوية مهملة من وعيك.

ما الواقع؟
تقاطع الفيزياء والفلسفة

نبدأ الفصل الأول من الكتاب برحلة إلى عمق الأسئلة الوجودية بسؤال يبدو بديهيًا: ما هو الواقع؟

قد نعتقد أن الجواب بسيط وبأن الواقع ببساطة هو ما نراه، نلمسه، ونعيشه يوميًا. لكن حين نقترب من هذا المفهوم، تبدأ الأرض بالاهتزاز تحت أقدامنا. من خلال هذا الفصل، نضع حجر الأساس لفهمٍ جديد للواقع، لا كما عرفناه من قبل، بل كما تقترحه أحدث النظريات الفيزيائية وأعمق الرؤى الفلسفية. نكتشف كيف أن ما نُسميه «واقعًا» قد يكون نتيجة لعمليات إدراك ذاتية، لا وصفًا دقيقًا لعالم موضوعي. نستعرض الحدود التي تفرضها الحواس على تجربتنا، ونتساءل: هل نحن نعيش العالم كما هو، أم كما نستطيع رؤيته فقط؟

نقارن هنا بين الرؤية العلمية الكلاسيكية التي تفترض وجود واقع مستقل عن المراقب، وبين الفيزياء الحديثة التي تفترض أن الراصد يؤثر على ما يرصده. وكأن للراصد قدرة على تغيير الحقائق ونقابل هذا بتأملات فلسفية شرقية وغربية تقول إن الحقيقة لا تُدرك بالحواس وحدها. هذا الفصل ليس مجرد مقدّمة، بل بوابة عبور. إنه لحظة انفصال عن «الواقع

المُسلّم به»، وبداية لتأمل حديد قد يغيّر طريقة فهمك للعالم، ولمكانك فيه. في الفصول القادمة، سنغوص أكثر في مفاهيم الزمان والمكان و الزمكان، الاحتمالات، الطاقة، والوعي، لنصل إلى حقيقة ربما لم تُطرح من قبل: أن الواقع، كما نعرفه... ليس إلا قصة من تأليفنا.

حين نتحدث عن «الواقع»، قد يبدو الأمر بديهيًا: الواقع هو العالم من حولنا، ما نراه ونسمعه ونلمسه. لكن ما إن نتأمل السؤال قليلًا ما هو الواقع؟ حتى نكتشف أنه ليس بالبساطة التي يبدو عليها. في حياتنا اليومية، نتعامل مع الواقع كحقيقة واضحة محمع عليها، لكن في قلب العلم والفلسفة، هذا المفهوم بدأ يتفكك ويتشظى إلى عدة احتمالات. هل هناك واقع فيزيائي واحد يحمع عليه الحميع؟ أم أن لكل فرد منا واقعه الخاص؟ في هذا الفصل، نبدأ رحلة غير تقليدية، سنربط فيها بين أحدث ما توصّلت إليه الفيزياء، وبين أعمق ما طرحته الفلسفة، لنسأل معًا: هل الواقع الذي نعيشه حقيقة موضوعية...او حقيقة ذاتية تختلف من شخص لاخر هل نحن نرصد الواقع كما هو أم محرد قصة نرويها لأنفسنا بطريقتنا؟

قبل الاف السنين، طرح الفلاسفة الهنود مفهوم «مايا» وهي تعني وهم الواقع. هذا المفهوم يفترض أن العالم المادي ليس إلا ستارًا يُخفي وراءه حقيقة أعمق يلمسها الانسان في اعماقه فقط لا فيما حوله. أفلاطون ذهب لأبعد من ذلك في اعتبار ان العالم غير حقيقي، قدّم صورة قريبة: البشر يرون ظلالًا منعكسا على الحدار، ويظنون أنها العالم الحقيقي ولكنه ليس العالم الحقيقي. أما ابن عربي، في التصوف الإسلامي، فقال إن «الوحود خيال، والحق فيه هو الحق» اي ان كل الكون خيال ما عدا الحق (الله) هو الحقيقة الوحيدة. كل هذه الرؤى الفلسفية تتفق على أمر واحد: أن إدراكنا للواقع لا يماثل الحقيقة. وان ما نراه ليس دائمًا ما هو كائن، بل ما نحن

قادرون على رؤيته. لطالما كانت هذه الاراء الفلسفية موضع شك و ريبة من العلوم الطبيعية البحتة التي كانت لقرون تصف الواقع و ترصده تقيسه بكل موضوعية.

لطالما حاولت الفيزياء رسم حدودٍ ما يُسمّى بالواقع الموضوعي (العالم كما هو)، والواقع الوهمي كما تراه الفلسفة او الواقع الذاتي (العالم كما نعيشه كأفراد بتحربة فردية). الواقع من منظور فلسفي هو تحربة ذاتية بحتة خاصة بالإنسان نفسه لا بما حوله. الفلاسفة، منذ القدم، وصفوا أن وعينا ليس محرد كاميرا ترصد الوحود، بل عدسة تلوّن وتُعيد تشكيل الصورة فيه. ما نعيشه، من منظور فلسفي ليس الواقع «كما هو»، بل كما نُدركه نحن، وهو إدراكٌ محدود، معقّد، ومشحون بالعاطفة، والذاكرة والتحربة. فالزمن من منظور فلسفي ليس ما تقيسه الساعة لأنك تشعر بزمن مختلف حسب مشاعرك ووعيك وادراكك. الساعة تقيس زمن ثابت و لكن الزمن من منظور فلسفي له قياس مختلف حسب ادراكك وشعورك. لذلك ترى ثواني الخوف طويلة، ايام الفرح سريعة وترى ساعات تمر كأنها ثواني عندما يكون شغفك في افضل حالاته و العكس صحيح بل احساسك بالزمن مرتبط بادراكك له. ولذلك انت لا تعلم الفترة التي نمت فيها على وحه الدقة لولا وحود ساعة ميكانيكية تخبرك بذلك.

بينما الواقع من منظور الفيزياء هو واقع واحد مطلق متفق عليه، حميع الحقائق فيه مطلقة و كل ما يقاس فيه هو مطلق وصحيح ومحمع عليه. المكان له وصف وقياس محدد متفق عليه. الزمن واضح ومحدد ومطلق و متفق عليه. كتله الحسم وابعاده ووزنه كل ما يقاس في الواقع موضوعي و متفق عليه. كل مكونات قياس الواقع الموضوعي من منظور فيزيائي هي موضوعيه لا يهم من قاسها ولا حالته الشعورية ولا ادراكه. فطالما

توفرت نفس الظروف تعطي نفس النتائج. ترى الفيزياء الكلاسيكية ان الواقع موضوعيا و مطلقا و ثابتا وموحودا في مكان ما ونحن فقط نرصده ونقيسه كما هو.

من منظور الفيزياء الكلاسيكية مكونات الواقع يمكن رصدها وقياسها بدقة وموضوعية و حواسنا هي الوسيلة الوحيدة التي تربطنا بهذا الكون وترصد لنا الحقائق فيه وتقيس لنا الواقع الموضوعي. ان الانسان يعتمد على حواسه كمدخلات لعقله حتي ولو استخدم الأحهزة فالعين هي قناة ادخال الصورة سواء كانت الصورة رصدت بالعين المحردة ام الميكروسكوب العين هي القناة التي تنقل هذا المدخل للدماغ. وعليه حميع الحواس مدخلات بشكل لو بلخر لما يرصد في الواقع و من ثم يقاس.

لكن الحواس في الحقيقة ليست مرلة صافية عاكسة للواقع. فمثلا حين ترى السماء زرقاء أو تتذوّق العسل حلوًا، فأنت لا تدرك الحقيقة «كما هي» بواسطة حواسك. اللون، المذاق، الصوت، الرائحة وحتى الإحساس بالحرارة، هي محرد إشارات عصبية تتدفق تُنتج تحربة داخلية يتم ترحمتها وفق للية بيولوحية خاصة بالانسان و قد تختلف عن باقي المخلوقات او قد تختلف ايضا عن باقي البشر. فما تراه أخضرًا، قد يراه غيرك باهتًا، أو لا يراه إطلاقًا كالمصاب بعمى الألوان. وبالتالي نحن قد نحمع على ان حقيقة الشحرة خضراء نتيحة للاشارات العصبية التي ترسل للدماغ وتترحم على انها خضراء و لكن حقيقة الشحرة ليست خضراء (ترى ما حقيقة لون الشحر في حزيرة حميع سكانها مصابون بعمى الألوان؟ هل سنقول ان حقيقة لون الشحرة أخضر في تلك الحزيرة؟ .

وقس على ذلك كل ما نعتبره واقعا استنادا لحواسنا لاحماعنا عليه. نحن مثلا لا نرى الأشعة فوق البنفسحية أو نسمع الموحات تحت الصوتية

رغم وجودها. حواسنا تعمل ضمن نطاق محدود، وما يقع خارجه لا يدخل ضمن واقعنا الشخصي. إذًا، هل يمكن اعتبار الحواس راصدة للحقيقة؟ هل نحن ندرك الواقع بحواسنا أم أننا نعيش فقط «نسخة مفلترة» منه تختار منها حواسنا وفق حدود امكاناتها.

عندما ننظر حولنا، نعتقد أننا نرى «الواقع» كما هو. نرى الألوان، نسمع الأصوات، نشعر بالبرودة أو الحرارة، ونشم الروائح. هذه الحواس الخمس هي نوافذنا الأولى لفهم العالم وادوات قياسنا الأساسية لرصد الكون من حولنا. لكن هل هي نوافذ مفتوحة على الحقيقة الكاملة؟ أم أنها تُظهر لنا فقط حزءًا صغيرًا من المشهد الكبير؟

في الحقيقة، حواسنا محدودة بشكل كبير. أعيننا مثلًا لا ترى إلا حزءًا ضيقًا حدًا من الطيف الكهرومغناطيسي، وهو ما نعرفه بـ«الضوء المرئي». لكن هذا الطيف واسع حدًا، ويشمل الأشعة تحت الحمراء (التي تستخدمها بعض الكاميرات الحرارية لرؤية الحرارة) والأشعة فوق البنفسجية (التي تستخدمها بعض الحشرات لرؤية أنماط في الزهور لا نراها نحن). كل هذه الأطياف موجودة حولنا، لكن أعيننا ببساطة لا تملك القدرة على رؤيتها. عدم رؤيتنا لها لا يعني عدم وحودها وبالتالي عدم رؤيتنا لأي شيئ لا تعني عدم وحوده.

كذلك، لذاننا لا تسمع إلا ترددات صوتية معينة تتراوح تقريبًا بين ٢٠ و٢٠,٠٠٠ هرتز. لكن هناك موجات تُسمى «فوق صوتية» (مثل تلك التي يستخدمها الخفافيش والدلافين) وأخرى «تحت صوتية» لا تلتقطها لذاننا مطلقًا، رغم أنها قد تكون موجودة.

هذه الأمثلة ليست استثناءات نادرة، بل إشارات واضحة إلى أن ما نعتبره «الواقع» هو فقط شريحة ضيقة حدًا من طيف واسع لا تدركه حواسنا ولا

تصل إليه عقولنا إلا بأجهزة وتقنيات إضافية. بل إن هذه الأجهزة، مهما بلغت دقتها، لا تُظهر لنا كل الحقيقة، بل فقط ما نستطيع نحن ترجمته إلى معطيات نفهمها وفق امكانيات حواسنا المحدودة الى حد ما.

وليس ذلك فقط، بل بعض الظواهر التي نراها بأعيننا قد تكون خادعة تمامًا. خذ مثلاً السراب في الصحراء، الذي يبدو كبركة ماء في الأفق، لكنه في الحقيقة انعكاس غير واقعي ناتج عن انكسار الضوء. أو قوس قزح، الذي يبدو وكأنه موحود في السماء، لكنه ليس حسمًا ماديًا يمكن الاقتراب منه، بل محرد ظاهرة بصرية ناتحة عن تحليل الضوء داخل قطرات الماء.

بل قد نبتعد لأكثر من ذلك عندما تنظر إلى السماء في ليلة صافية، ترى نحومًا لامعة تزين الظلام. بعضها ساطع، وبعضها خافت، لكن الحقيقة الصادمة هي أن كثيرًا من تلك النحوم قد لا يكون موحودًا الان. فهي بعيدة حدًا، إلى حد أن ضوءها يستغرق الاف السنين ليصل إلينا. النحم الذي نراه اليوم، ربما انفحر قبل قرون، وما نراه هو فقط «ذكراه الضوئية». نحن لا نرى النحم كما هو الان، بل كما كان قبل قرون. وكأننا نرى ماضيه وليس حاضره.

وبالتالي، فإن إدراكنا للواقع مرهون بالزمن، بالمسافة، وبقدرة حواسنا على التقاط الإشارات. وعليه «الحقيقة»، بهذا المعنى، ليست لنية، بل مؤحلة. هذا يدفعنا للتفكير: هل الواقع لهذه النحوم كما نراه؟ أم أن كل ما نراه هو «صورة قديمة» للواقع، تتأخر عنّا بسبب طبيعة الضوء وحدود إدراكنا؟ الأمر لا يقتصر على النحوم. حتى على الأرض، ما تراه من حولك قد يكون انعكاسًا محدودًا لحقيقة أعمق لا تراها.

إذا مرّ ضوء عبر عدسة، قد يتغير اتحاهه، فيتشكل وهم بصري. كذلك، حين نُشاهد شيئًا متحركًا من خلال زحاج ملون أو سطح مائي متقلب، لا

نحصل على الحقيقة الكاملة، بل على تمثيل مشوّه للحقيقة. هذا بالضبط ما يحدث معنا. نحن لا نرى الأشياء كما هي، بل كما تسمح حواسنا وأدمغتنا أن نراها. حتى في تحارب علمية صارمة، تدخل عوامل مثل اختيار أدوات القياس، وطبيعة الرصد، وحالة البيئة، في تشكيل «النتيحة». وهذا يعيدنا إلى لبّ الحجة الفيزيائية الحديثة: الواقع ليس مستقلًا عنا بالكامل. نحن حزء من التحربة، ولسنا فقط من يشاهدها. ما نراه لا يعكس دائمًا «ما هو موحود»، بل «ما نقدر على رؤيته». والفرق بين الاثنين، قد يكون الفرق بين وهمٍ نحياه ويقينٍ لم ندركه بعد.

تخيل الان أن هناك كائنًا لخر يملك حواسًا مختلفة تمامًا عنّا: يرى الأشعة تحت الحمراء، وفوق البنفسحية ويسمع ترددات لا ندركها، ويشعر بتغيرات في الحقول المغناطيسية لا ندركها نحن. لو كان هذا الكائن يعيش معنا على نفس الرقعة الحغرافية بالنسبة له، سيكون «الواقع» مختلفًا تمامًا عن الواقع الذي نعرفه نحن. وهذا يقودنا إلى سؤال عميق: هل هناك واقع واحد مشترك؟ أم أن كل كائن يملك واقعه الخاص تبعًا لحدود حواسه وأدوات إدراكه؟

ما نستنتحه من كل هذا هو أن الواقع الذي نختبره ليس بالضرورة هو الواقع «كما هو»، بل هو الواقع «كما نستطيع أن ندركه». الإدراك هو العملية العقلية التي من خلالها يفهم الإنسان العالم من حوله ويفسر المعلومات التي يستقبلها من خلال حواسه (البصر، السمع، اللمس، الشم، التذوق). أي أنه واقع تمت تصفيته ومعالحته داخل حدود أحهزتنا العصبية والبصرية والسمعية، وبناءً على قدراتنا البيولوحية فقط.

لا يمكن ان تعتمد على الحواس للاتفاق على الواقع الفيزيائي الموضوعي ليس فقط لأن الحواس محدودة، بل إنها قد تخدعنا في كثير

من الأحيان. السراب، قوس قزح، خدع الألوان، كلها أمثلة على كيف يمكن لعقولنا أن تُنتج واقعا غير موحودا أصلا. لكن ما يزيد تعقيد الصورة، هو تدخل «العقل». العقل لا يكتفي بتلقي المعلومات من الحواس، بل يفسّرها، يختار منها، ويُعيد ترتيبها بناءً على تحاربه السابقة. لذا، حين نرى شيئًا أو نسمع صوتًا، فإننا لا نختبر الواقع كما هو، بل كما يسمح لنا تركيبنا العصبي والنفسي أن نختبره ونطلق عليه الحكم ونعطيه معنى. وبذلك نحن لا نعيش الواقع الحقيقي، بل نعيش ما نعتقده واقعا بناء تحربة داخلية مصنوعة حزئيًا داخل رؤوسنا كانت المدخلات حواسنا والمعالحة تتم في الدماغ لفهم الواقع. اذا مع محدودية المدخلات لاستشعار الواقع يتضح ان لكل منا مدخلات مختلفة حسب قدرات حواسنا وبذلك يعني ان مانعيشه هو واقع ذاتي و فردي و قائم على التحربة الذاتية وليس فيزيائيا و موضوعيا و متفق عليه كما نعتقد.

الدماغ عضو مادي، لكنه لا يفسّر الواقع وحده. هنا يدخل مفهوم «العقل» ذلك الكيان الذي يدمج الحواس، الذكريات، الانفعالات، واللغة، ليصنع لنا صورة عن العالم. حين ينظر شخصان إلى مشهد واحد، ويخرحان بانطباعين مختلفين، فإن ما اختلف لم يكن المشهد، بل العقل الذي أعاد إنتاحه داخليًا. هذا يدفعنا إلى إعادة التفكير في «الموضوعية»: هل يمكن أن يرى شخصين الواقع نفسه؟ أم أن لكلٍ منهما نسخة داخلية، تختلف بقدر اختلاف مدخلات حواسهما و تحاربهما السابقة والمخزنة في العقل الواعي أو اللاواعي؟ ما نُسميه «الواقع» ليس سوى تحميع معقّد لمستويات متراكبة من الترحمة العقلية التي تحول الواقع الى المعنى والإدراك.

في دراسة مشهورة ، (Green, *et al*, 2017) تابع الباحثون كيف يعالج الدماغ مشاهد بصرية واحدة باهتمام مختلف من شخص لاخر. وضعوا

مشاركين أمام مشهد مرئي معقد، وسحلوا نشاط أدمغتهم باستخدام تقنيتين: تتبع توقيت النشاط العصبي، ومكانه بالدماغ. النتيجة كانت مذهلة: رغم أن حميع المشاركين شاهدوا نفس الصورة، إلا أن أدمغتهم لم تُظهر نفس نمط النشاط العصبي. كل شخص ركّز – دون وعي – على حزء مختلف: أحدهم انتبه إلى الوحوه، لخر إلى الخلفية، ثالث إلى اللون، ورابع إلى الحركة. ووحد الباحثون أن الدماغ يقوم بتضخيم الإشارات العصبية المرتبطة بما «يهتم» به الشخص، ويُضعف بقية الإشارات. الدراسة تكشف أن إدراكنا البصري وانتقاءنا للواقع يتم عبر تنسيق دقيق في الدماغ عبر تنشيط أو كبح مناطق محددة ، حسب ما نركز عليه.

هذا يدعم الفكرة الفلسفية والعلمية بأن الانتباه يصنع الواقع المدرك، وليس محرد تسحيل سلبي له.هذا يعني أن الواقع الذي يتم ترحمته و من ثم تخزينه في الذاكرة ليس كاملاً ولا موحدًا، بل مختارًا ومنقحًا بحسب الانتباه والاهتمام والتحربة الفردية مثل ما يحدث عندما تكتب على لوحة كيبورد ثنائية اللغة. عندما تكتب باللغة العربية عقلك يتحاهل الحروف الانحليزية و العكس صحيح وبالتالي العقل انتقائيا في رصد الواقع بناء على الإهتمام. هذا قد يدل على ان مانخزننه في العقل انتقائيا وعليه قد تكون الذاكرة كذلك. وعندها سيكون إدراك الواقع يخلقه العقل نفسه. في تحربة احريت في ٢٠١٨ (Liu, Grady, & Moscovitch, 2018) أثبتت ان الذاكرة ليست محرد عملية استيعاب للمعلومات، بل هي عملية إعادة بناء تعتمد على السياق العقلي والمعرفي لكل فرد. المعرفة السابقة تعمل كمُرشّح داخلي يوحه الدماغ لتكوين روابط محددة تعزز ترسيخ المعلومة. وهذا يؤكد أن الذاكرة عملية فردية بامتياز.

أي أن ما نسميه «الواقع» هو نتيحة لتركيب داخلي فريد: الحواس تُسلم

البيانات، لكن العقل هو من يترحمها داخلنا، يختار ما نراه، وما نتحاهله، وما يؤثر فينا. وهذا يقودنا إلى عهد حديد من فهم الواقع الموضوعي الذي لطالما اعتقدت الفيزياء انها تصفه بدقة.

في بداياتها، بدت الفيزياء وكأنها الخصم الصلب للفلسفة. الفيزياء الكلاسيكية، خاصة في بدايتها في عصر نيوتن، في القرن السابع عشر (١٦٠٠-١٦٩٩) كانت تؤمن بعالم يمكن قياسه بدقة متناهية، والتنبؤ بسلوكه بقوانين حتمية صارمة. الكون في تلك الرؤية كان يشبه ساعة ضخمة، تعمل بتروس مرئية كثيرة ولكنها دقيقة وثابتة وعلينا فقط اكتشافها كما هي، حيث كل حدث له سبب، وكل حركة لها معادلة. أما الفلسفة، فكانت دائمًا تُشكك في هذا «الواقع الموضوعي»، وتطرح أسئلة حول الإدراك، والذات، والمعنى، والتحربة الفردية الذاتية لتبدو أحيانًا وكأنها تتحدث عن طلاسم لا حقائق.هذه النظرة الفلسفية لم تكن تنسحم مع الفيزياء الكلاسيكية ومع كل تقدم للفيزياء تبتعد الفلسفة خطوة عن نقطة الالتقاء مع الفيزياء.

واصلت الفيزياء التقدم المبهر خلال ٣ قرون تقريبا (١٦٠٠-١٨٨٧) غير مكترثة بالفلسفة. كانت الفيزياء معتدة بالنحاحات المتواصلة في الرصد والقياس والدقة والقدرة على التعميم. عندها بدت الفيزياء ترصد تناقضات في الفيزياء لا يمكن تفسيرها. ظهرت هذه التناقضات في نهاية القرن التاسع عشر بين فيزياء نيوتن وكهرباء ماكسويل. فقد فشلت تحربة ميكلسون ومورلي عام ١٨٨٧ في إثبات وحود «أثير الضوء»، وهو الوسط الذي كان يُعتقد أن الضوء ينتقل خلاله، مما أحدث شرخًا في المفهوم الكلاسيكي للزمن والمكان ككيانات مطلقة في الطبيعة. هذا بالإضافة إلى التناقض بين قوانين الحركة لنيوتن التي تفترض أن السرعات تُحمع بشكل خطّي، وبين قوانين ماكسويل التي تؤكد أن سرعة الضوء ثابتة في كل الأحوال. ومن

هنا كانت البدايات لما عرف ب»الفيزياء الحديثة«

قدم اينشتين النظرية النسبية كرد ثوري علمي على هذه التناقضات التي بدت مقلقة. عام ١٩٠٥، قدّم ألبرت أينشتاين حلاً حذريًا: الزمن والمكان ليسا مطلقين ثابتين، بل نسبيان، وسرعة الضوء هي الثابت الوحيد في الكون. وفي عام ١٩١٥، توسّع أينشتاين في فكرته ليقدّم النسبية العامة. لم تكن النسبية محرد نظرية، بل ثورة فلسفية أعادت صياغة فهم الإنسان للواقع وفهم الانسان للفيزياء نفسها.

و لكن ما لم يكن في الحسبان ابدا، هو أن الفيزياء نفسها ستنقلب على نفسها وهي التي ستعود للاقتراب من الفلسفة وليس العكس. حاءت النظرية النسبية أولاً، لتنسف الفكرة الثابتة عن الزمن. الزمن لم يعد مطلقًا كما كان، بل نسبي، يتمدد أو ينكمش بحسب موقع الراصد وسرعته.

ثم حاءت الصدمة الكبرى للفيزياء من (ميكانيكا الكم). ميكانيكا الكم (Quantum Mechanics) هي فرع من فروع الفيزياء الحديثة يدرس سلوك الحسيمات الصغيرة حدًا، مثل الإلكترونات والفوتونات والذرات، وهي تختلف حذريًا عن قوانين الفيزياء الكلاسيكية التي تحكم العالم الذي نراه من حولنا، ميكانيكا الكم وضعت الواقع الموضوعي كله موضع شك.

وهنا، بدأت الفيزياء تتقاطع بشكل غير مسبوق مع الفلسفة. لم تعد تتحدث عن «العالم كما هو»، بل عن «العالم كما يُرَى»، لا كما يُقاس، بل كما يُدرك. لم يعد هناك واقع واحد، بل احتمالات، وتحارب فردية، وحقائق نسبية. ما كانت الفلسفة تهمس به عن ذاتية التحربة و «الواقع الذاتي» أصبح الان يتردد في مختبرات الفيزياء، بلغة المعادلات والاحتمالات. وهكذا، أصبحت الصدمة مزدوحة: أن الفيزياء، التي طالما وُصفت بالدقة والصرامة، بدأت تتحدث بلغة تشبه لغة التصوف، وتقترب أكثر من الفلسفة

اكثر من اقترابها لليقين. فكيف حدث ذلك؟

في قلب الفيزياء الحديثة، وتحديدًا في ميكانيكا الكم، ظهر مفهوم مدهش ومربك في لنِ معًا يُعرف بـ»تأثير المراقب«. ببساطة، هذا المفهوم يقول إن محرد مراقبتنا لشيء ما على المستوى دون الذري (مثل الفوتونات أو الإلكترونات)، يحعله يغيّر من سلوكه. أحد أبرز التحارب التي كشفت ذلك تُعرف بـ»تحربة الشق المزدوج« وهي تحربة احريت لمعرفة طبيعة الضوء ان كان حسيم او موحة، حيث أظهر الضوء بغرابة شديدة أنه يتصرف بطريقتين متناقضتين: أحيانًا كموحة تنتشر، وأحيانًا كحسيم صغير. لكن المدهش في ذلك أن هذا السلوك يعتمد على وحود مراقب: إذا راقبنا الفوتون أثناء مروره، يتصرف كحسيم، أما إذا تركناه دون مراقبة، يتصرف كموحة.

هذه النتيحة حيرت العلماء، لأنها توحي بأن محرد الوعي بوحود الشيء يُغيّر من سلوكه او طبيعته الفيزيائية. بمعنى لخر، يبدو أن المراقبة او ماسمي لاحقا بالوعي الإنساني ليس محرد فعل سلبي أو محايد، بل قد يكون له تأثير حوهري على صناعة الواقع المادي نفسه.

وهنا يحدث الالتقاء العميق بين الفيزياء والفلسفة: هل نحن فقط نرصد العالم، أم نشارك في صنعه؟ هل وعينا سلبي فقط يتلقى الواقع، أم أنه أداة فعالة تساهم في تشكيله؟ لم تعد هذه الأسئلة حكرًا على الفلسفة، بل أصبحت حزءًا من النقاش العلمي المعاصر، خصوصًا مع تطور ما يُعرف بـ»تأويل كوبنهاغن« و»الفيزياء المرتكزة على الوعي«.

هنا، تتقاطع الفيزياء لأول مرة مع الفلسفة: هل نحن بالفعل نُغيّر العالم فقط لأننا نراه؟ هل الوعي يُعيد تشكيل الواقع حين يسلّط عليه شعاع الإدراك؟ هذه لم تعد محرد أسئلة فلسفية، بل تحوّلت إلى محور نقاش علمي

حاد، يعيدنا إلى لراء فلسفية سابقة مثل حورج بركلي الذي قال: «الوحود هو أن يُدرَك»، وإلى ليمانويل كانت الذي رأى أن العالم ليس كما هو، بل كما يُشكّل عبر لليات وعينا. وفي تعاليم الزن البوذية، نحد نفس المبدأ: أن ما نراه ليس قائمًا في ذاته، بل نتيحة حضورنا الواعي له. حتى الفيزيائي حون ويلر قال صراحة: «لسنا محرد مراقبين، بل مشاركون. الكون في أحد أوحهه العحيبة كونٌ تشاركي». كل ذلك يفتح احتمالات تتحاوز التصور الكلاسيكي للواقع، وتشير إلى أننا لا نكتفي باستقبال الكون كما هو، بل نُعيد تكوينه لحظة بلحظة. وأن وعينا ليس انعكاسًا للكون، بل هو محوره.

ربما هذا ما يحعلنا في حوهر وحودنا، لسنا متفرحين على المسرح، بل صانعيه، مخرحين وممثلين في لن. وهنا، لا تعود الفيزياء مناقضة للفلسفة، بل حليفة لها في إثبات أن للوعي قوة لا يمكن إغفالها... وأن الإنسان، حين يدرك، لا يرى فقط... بل يعيد انتاج واقعه.

هذا الكتاب ليس بحثًا فلسفيًا خالصًا، ولا عرضًا لأفكار فيزيائية معقدة. بل هو رحلة استقصاء داخل المنطقة الرمادية التي تقف فيها الفيزياء الحديثة وحهًا لوحه مع أقدم أسئلة الفلسفة: ما الواقع؟ ومن هو الراصد؟ وما الذي يحعل شيئًا «يحدث» من الأساس؟

من ميكانيكا الكم إلى النسبية، من نظرية الأوتار إلى الأكوان المتوزية، تقول لنا الفيزياء شيئًا مفزعًا بقدر ما هو مثير: الواقع ليس كما يبدو. بل هو كيان هلامي يتشكل، غير مكتمل حتى نُلاحظه، متذبذب في احتمالاته، محكوم بوعي الراصد ومحدودية أدواته.

تحربة الشق المزدوج والتي ستتردد كثيرا في فصول هذا الكتاب لم تكن محرد تحرِبة على فوتون، بل كانت كشفًا صادمًا عن طبيعة الحقيقة ذاتها. أن تتصرف الحسيمات بشكل مختلف فقط لأننا راقبناها؟ أن ينهار

احتمالٌ ما إلى واقعٍ بمحرد أن «يُلاحظ»؟ ما معنى هذا؟ إننا، ببساطة، لا نعيش في عالم صلب وجاهز «واقع موضوعي»، بل في كون يتبلور لحظة بلحظة تحت أنظارنا «واقع ذاتي».

ولعل كل ما ربطناه بالخيال او الفلسفة هو، من منظور فيزيائي، بنية حقيقية داخل النسيج الكوني. بنية تُولد من داخل المراقبة، تولد من حميع مصطلحات الفيزياء من التراكب، من الاحتمال، من الزمكان الذي قد يكون بحد ذاته انعكاسًا لشيء أعمق لم نكتشفه بعد.

في الفصول القادمة، لن نغوص فقط في المعادلات، بل فيما تقوله لنا هذه المعادلات عنّا. عن كيف أننا ربما لسنا «هنا» بالمعنى الذي كنا نعتقده. عن أن الحدود بين العلم والوعي، بين المادة والوهم، لم تعد واضحة.

هذه ليست رحلة إلى أطراف الكون، بل إلى قلب السؤال الوحودي الفيزيائي:

«هل نحن هنا حقًا؟ أم أننا فقط، نبدو كذلك... حين ننظر؟»

مرحبًا بك في فيزياء الوهم

المراجع

Amoroso, R. L., & Rauscher, E. A. (2011). *Unity of consciousness experience, nature of the observer and current physical theory.* In *Orbiting the Moons of Pluto.*

Barrett, J. (2016). *Superposition and subjective observation. British Journal for Philosophy of Science,* 67(2), 411–432.

Bitbol, M. (2003). *A cure for metaphysical illusions: Kant, quantum mechanics and the Madhyamaka.* In J. B. Callicott & R. T. Ames (Eds.), *Buddhism and Science: Breaking New Ground* (pp. 325–356). Columbia University Press.

Bitbol, M. (2020). *The metaphysical basis of the observer effect. Studies in History and Philosophy of Modern Physics,* 72, 36–51.

Busemeyer, J. (2021). *Quantum cognition and decision theory. Cognitive Science,* 45(4), e12998.

Callender, C. (2022). *Relativity, time dilation and philosophical implications. Philosophy of Science,* 89(3), 433–452.

Chalmers, D. (2022). *Time, consciousness, and quantum mechanics. Journal of Consciousness Studies,* 29(7–8), 34–49.

D›Espagnat, B. (2018). *Beyond the veil: The metaphysics of quantum superposition. Studies in History and Philosophy of Science,* 71, 1–12.

Deutsch, D. (2018). *Quantum field theory and reality. International Journal of Modern Physics A,* 33(15), 1830002.

Forrester, R. (2014). *Sense perception and reality: A theory of perceptual relativity, quantum mechanics, and the observer dependent universe.*

Glattfelder, J. B. (2019). *Ontological enigmas: What is the true nature of reality?* In *Information—Consciousness—Reality* (pp. 311–348). Springer

Green, J. J., Boehler, C. N., Roberts, K. C., Chen, L.-C., Krebs, R. M., Song, A. W., & Woldorff, M. G. (2017). Cortical and subcortical coordination of visual spatial attention revealed by simultaneous EEG–fMRI recording. Journal of Neuroscience, 37(33), 7803–7810.

Griffiths, R. (2017). *Quantum mechanics as a contextual theory. Foundations of Physics*, 47(4), 375–389.

Hameroff, S. (2020). *Subjective experience and quantum brain dynamics. Physics of Life Reviews*, 33, 1–12.

Healey, M. (2020). *Quantum mechanics and the philosophy of perception. Philosophy of Science*, 87(1), 75–93.

Heelan, P. A. (2013). *Consciousness, quantum physics, and hermeneutical phenomenology*. In *The Multidimensionality of Hermeneutic Phenomenology*. Springer.

Heisenberg, W. (2016). *Physics and Philosophy: The Revolution in Modern Science* (original work published 1958). Harper & Row.

Joos, E., & Zeh, H. D. (2019). *Observer-dependent reality and quantum mechanics. Physical Review A*, 60(2), 1874–1885.

Klasios, J. (2022). *Do we perceive reality?* arXiv preprint.

Kuhlmann, P. (2021). *Quantum reality and the role of the observer. Foundations of Physics*, 51(3), 211–230.

Laloe, F. (2019). *Quantum probability and epistemic interpretations. Philosophy of Physics*, 56, 67–86.

Leggett, A. (2020). *Quantum ontology and metaphysical implications. Metaphilosophy*, 51(2), 189–206.

Liu, Z.-X., Grady, C., & Moscovitch, M. (2018). The effect of prior knowledge on post-encoding brain connectivity and its relation to subsequent memory. *NeuroImage*, 167, 211–223

Maudlin, T. (2023). *Philosophy of space-time in modern physics. Journal of Philosophical Logic*, 52(1), 11–37.

Norsen, T. (2020). *Schrödinger's cat: A legacy of confusion. European Journal of Physics*, 41(4), 045403.

Omnès, R. (2020). *The role of decoherence in quantum theory. European Physical Journal*, 135(7), 112.

Paul, R. P. (2006). *Subjectivist–observing and objective–participant perspectives on the world: Kant, Aquinas and quantum mechanics. Theology and Science*, 4(3), 255–268.

Plotnitsky, A., & Khrennikov, A. (2021). *Reality, with and without realism*. Springer.

Pugliese, M. A. (2018). *Quantum mechanics and an ontology of intersubjectivity: Perils and promises. Open Theology*, 4(1), 502–514.

Rovelli, C. (2016). *Quantum entanglement, relativity, and the reality of nonlocality. Foundations of Physics*, 46(7), 1009–1021.

Ryckman, T. A. (2001). *Early philosophical interpretations of general relativity. Stanford Encyclopedia of Philosophy*.

Saunders, S. (2020). *The philosophical puzzle of measurement in quantum mechanics. Foundations of Physics*, 50(1), 93–108.

Schlosshauer, M. (2015). *Decoherence, the measurement problem, and interpretations of quantum mechanics. Reviews of Modern Physics*, 76(4), 1267–1305.

Smolin, L. (2017). *Relativity and the end of absolute time. Studies in History and Philosophy of Modern Physics*, 59, 1–19.

Stapp, H. (2019). *On the foundations of quantum mechanics and the role of consciousness. Mind and Matter*, 17(2), 103–124.

Tegmark, M. (2020). *Are we living in a quantum simulation? Scientific American*, 322(5), 26–33.

Wallace, D. (2019). *The many worlds interpretation of quantum mechanics. Oxford Studies in Philosophy of Science*, 7, 45–63.

Wiseman, H. (2021). *Does the universe need consciousness? Journal of Consciousness Studies*, 28(9–10), 112–134

الواقع بين الفيزياء والوهم

في هذا الفصل، نغوص أعمق في عالم الفيزياء الحديثة، حيث تصبح «الحقيقة» مفهومًا مراوغًا وغير مطلقا. بعد أن شككنا في طبيعة الواقع في الفصل الأول، نأتي هنا لنرى كيف أن الفيزياء – وهي أكثر العلوم دقة وصرامة – لم تعد تكتفي بتقديم قوانين ثابتة، بل دخلت في فضاء من الاحتمال، واللاعقلانية الظاهرية، والانفتاح على تفسيرات فلسفية مذهلة. من نسبية الزمان والمكان، إلى تراكب الحالات الكمومية، إلى احتمال وجود أكوان موازية، تكشف لنا الفيزياء أن الواقع ليس كما كنا نظنه. ليس شيئًا صلبًا أو حتميًا أو مكتملًا، بل شبكة من الاحتمالات، تتحلى فقط حين ننظر إليها. وهكذا، تتحوّل «الحقيقة» من كيان موضوعي مستقل، إلى عملية ديناميكية تتشكل بلحظة الوعي والرصد. في نهاية هذا الفصل، لن تكون «الحقيقة» كما بدأت. ستبدو أكثر عمقًا، وربما... أكثر غموضًا.

لطالما بدت لنا «الحقيقة» وكأنها شيء مطلق، نهائي، يمكن الوصول إليه عبر العلم والملاحظة والتحريب. لكن مع تحوّلات الفيزياء في القرن العشرين، بدأت الأرض تهتز تحت أقدام هذا التصور. لم يعد بالإمكان الحديث عن «حقيقة موضوعية» ثابتة ومستقلة عن الراصد، بل أصبح على الفيزيائي الحديث أن يتعامل مع واقع متغير، متذبذب، يتشكّل حسب

الزاوية التي يُنظر منها. وإذا كان الفصل الأول قد طرح علينا السؤال المحوري: ما هو الواقع؟، فإن هذا الفصل يأتي ليُقدّم إجابة مختلفة ومثيرة: الواقع، كما نعرفه، ربما ليس حقيقيًا كما كنا نظن من منظور الفيزياء، وربما يكون هو محرّد انعكاس كما افترضت الفلسفة، أو حتى وهم او زيف.

هنا، لا يُفصل بين الراصد والمرصود، ولا بين العين والمشهد. بل كل ما في الكون يتداخل، يتراكب، ويتشكل من حديد عند كل لحظة قياس. في هذا الفصل، سنكتشف كيف ساهمت نظريات ومفاهيم فيزيائية مثل النسبية وميكانيكا الكم، التراكب والريبة وعدم الحتمية، في إعادة رسم خريطة الحقيقة. سنبتعد قليلًا عن التأملات الفلسفية، ونقترب من قلب الفيزياء – لا المعادلات، بل الأفكار العميقة التي غيّرت الطريقة التي نفهم بها العالم. وفي النهاية، قد تخرج بسؤال أكبر مما بدأت به: هل يمكن للواقع نفسه أن يكون محرد احتمال؟

منذ عهد نيوتن، ساد الاعتقاد بأن الزمان والمكان يشكّلان خلفية صلبة وثابتة، إطارًا مطلقًا لا يتأثر بما يحتويه. الزمن كان يُفهم كخط مستقيم موحّد يتقدم بنفس المعدّل للحميع، والمكان كان يُرى كحيّز ثلاثي الأبعاد مستقل عن المادة. لكن أينشتاين، في مطلع القرن العشرين، حاء بنظريتة النسبية ليقلب هذا الفهم رأسًا على عقب. فقد بيّنت النسبية أن الزمن والمكان ليسا ثابتين و مطلقين، بل هما متغيران يرتبطان بسرعة الحركة والحاذبية. لا يوحد «الان» كوني مشترك للحميع، بل كل مراقب يملك زمنه الخاص، وساعته التي لا تتطابق بالضرورة مع ساعات الاخرين.

الأمر لا يقتصر على الزمن فحسب؛ فحتى «الطول» ينكمش في اتحاه الحركة، والمسافات تتغير حسب سرعة المراقب. أصبح المكان مرنًا، والزمن قابلًا للتمدد أو الانكماش، والعالم لم يعد مسرحًا مطلقًا ثابتًا، بل نسيحًا

ديناميكيًا مرنًا يُعاد تشكيله بحسب حركة الراصد. ولذك طرحت النظرية النسبية فكرة الإطار المرجعي. تقوم فكرة الاطار المرحعي على ان للحقيقة الواحدة عدة اوجه -قد تكون متناقضة- على حسب الاطار المرجعي الذي نرصدها ونقيسها فيه. وكلما غيرت الإطار المرحعي ظهرت حقيقة مختلفة.

تخيل انك تحلس في قطار و يقابلك شخصا حالسا علي الكرسي الذي أمامك. هل الرحل الذي أمامك ساكنا ام متحركا؟. ان الرحل الذي امامك ساكنا لا يتحرك بالنسبة لك. ولكن نفس الرحل بالنسبة لرحل يقف على رصيف المحطة هو متحرك لان القطار يتحرك وهو بداخله. عندما تحلس في غرفة يلفها الهدوء، هل الكرسي الذي أمامك ساكنا ام متحركا ؟ هو ساكنا بالنسبة لك و لكنه متحرك بالنسبة لرحل يرصده من الفضاء لان الأرض تدور وهو يتحرك معها. اذا ماحقيقة الكرسي ساكن ام متحرك ؟لذلك عندما تصف حالة ما او لتصف الواقع ايا كان، السؤال الذي يحب ان تحاوبه اولا هو: الواقع بالنسبة لمن؟ وهذا ما سمي بالاطار المرحعي في الفيزياء فلكل اطار مرحعي حقيقة مختلفة وبالتالي هناك عدة حقائق لأي وضع وقد تكون حقائق متناقضة.

وهكذا بدا ان النظرية النسبية تؤكد ان الحقيقة ليست واحدة مطلقة، بل محموعة من الحقائق النسبية تعتمد على الإطار المرحعي للمراقب. حتى المفاهيم الأساسية التي كنا نظن أنها «بديهية» كالطول والمدة الزمنية، أصبحت تعتمد على موقعك وسرعتك وظروفك الفيزيائية.في نظرية أينشتاين، لا يكون الطول دائمًا كما نراه، بل يمكن أن يختلف حسب سرعة الشيء ومن يراقبه. إذا كان هناك صاروخ طوله ١٠٠ متر وهو ساكن، فإن شخصًا يقف على الأرض سيرى هذا الطول طبيعي. لكن إذا بدأ الصاروخ يتحرك بسرعة كبيرة حدًا، قريبة من سرعة الضوء، فإن الشخص الواقف

سيرى أن الصاروخ أصبح أقصر. هذا لا يعني أن الصاروخ تقلص فعليًا، بل هذه هي طريقة عمل الزمن والمسافة عند السرعات العالية حدًا. أن الطول يمكن أن يكون مختلفًا من شخص لاخر حسب مكانه وسرعته، وهذا ما تسميه الفيزياء: الطول نسبي وليس دائمًا ثابت. وبالتالي رصدها قد يعطي نتائج أو حقائق مختلفة.

هذه الثورة في فهم الزمان والمكان دفعت الفيزياء إلى أن تسأل: إذا كانت أبسط مقاييس الواقع مثل المكان والزمان غير ثابتة، فهل هناك «حقيقة مطلقة» على الإطلاق؟ أم أننا نعيش في واقع تتغير معالمه مع كل خطوة نخطوها، ومع كل سرعة نتحرك بها؟ لم يكن الأمر متعلقًا بالزمن وحده؛ لقد بدأت الحقيقة تتفكك أمامنا على نحو لم نعهده من قبل. فحتى «الطول»، ذلك المفهوم الذي نشأنا على اعتباره ثابتا وموضوعيًا، اصبح يتقلص بفعل السرعة. والمسافات التي تفصل بين نقطتين لم تعد مطلقة، بل تخضع لسرعة الراصد، ولمكانه داخل نسيج الكون. لقد كشف أينشتاين أن الزمان والمكان ليسا مسرحًا حامدًا تدور عليه الأحداث، بل نسيج مرن حيّ، يتأثر بكل ما عليه ومن عليه.

و إذا كانت النظرية النسبية قد زعزعت مفهوم الحقيقة على مستوى الكتل الكبيرة والسرعات العالية، فإن ميكانيكا الكم فعلت ما هو أكثر من ذلك بكثير، ولكن على المستوى الدقيق، الذري وتحت الذري. هنا، لا تسير الأشياء كما في عالمنا المألوف.

ميكانيكا «الكم» في الفيزياء هي الأساس الذي قلب مفاهيمنا التقليدية عن الواقع، إذ كشفت أن العالم في حوهره لا يخضع لقوانين الحتمية الكلاسيكية، بل تحكمه احتمالات وتراكبات غامضة تتحلى فقط عند الرصد. فهي تصف المادة والطاقة في أدق حالاتهما، ولعل اغرب

المفاهيم التي طرحتها هو مفهوم «التراكب الكمومي» حيث يمكن لحسيم أن يوحد في أكثر من حالة في لنٍ واحد. فقد يتحرك لليمين ولليسار في لن واحد وبالتالي للحسيم حقيقتين متراكبتين ولا يختار احتمالا منهما الا اذا رصدته. في هذا السياق، تتلاقى الفيزياء مع الفلسفة، إذ تدفعنا نظرية الكم إلى إعادة التفكير في مفاهيم مثل السببية، والواقعية، والوحود، لتصبح المعرفة نفسها ساحة احتمالات لا مطلقات.

في ميكانيكا «الكم» لا يمكن أن تحدد حالة الحسيم بدقة قبل أن تراقبه. فالحسيم كالالكترون لا يكون في مكان واحد، بل في عدد لا يحصى من الأماكن المحتملة، في الوقت ذاته. وبذلك ليس للحسيم حقيقة واحدة قبل رصده. قبل رصده له عدد من الاحتمالات في الوقت ذاته وعندما نحاول قياسه فقط، «تنهار حميع الاحتمالات» و يبقى احتمالا واحدا فقط وهو الذي نقيسه!. نحن لا نعلم ولا نحزم بحالته قبل القياس فالحسيم في حركة عشوائية غير معلومة وحالات عدة قبل الرصد. فقط في لحظة القياس الحسيم يختار له حالة واحدة فقط وكأن فعل الرصد هو ماحعله يختار حالته وكأن فعل الرصد هو ما خلق النتيحة.

عندما تكون كل الاحتمالات قائمة في اللحظة ذاتها والحسم في اكثر من حالة في الوقت نفسه هذا يسمى مبدأ «التراكب الكمومي». ولكن عند المراقبة او الرصد يحدث ما يسمى «انهيار الدالة» حيث تسقط حميع الاحتمالات ويختار الحسم حالة واحدة فقط هي التي رصدتها انت. وكأن الحسيم لا يختار حالته إلا عند مراقبته او النظر إليه، وكأن «الواقع» نفسه «ينتظر» أن يتم رصده ليظهر. وهذا يقودنا إلى استنتاج غريب: أن المراقب ليس كيانا مستقلا خارج التحربة، بل اصبح شريك في تشكيل نتيحتها. فلولا رصده لما اختار الحسيم حالته. وهذا يقود لأمر غريب وحديد على

الفيزياء وهو ان الحقيقة في هذا العالم لا «توحد هناك» كأمر مستقل قائم بذاته، بل تتشكّل أثناء التفاعل مع من يرصدها. كما انها ليست حقيقة واحدة، بل شبكة من الاحتمالات القائمة و بمحرد رصدها تنهار حميع الإحتمالات و يبقى الإحتمال الذي رصد. ان الواقع ليس لوحة مرسومة سلفًا ونحن نكتشفه ، بل احتمالٌ مفتوح يتشكل فقط عندما نلتفت إليه.

في قلب «ميكانيكا الكم»، يقف مبدأ الريبة لهايزنبرغ. وهو أحد أكثر المفاهيم صدمة في تاريخ العلم. يقول هذا المبدأ ببساطة: لا يمكننا أن نعرف بدقة متناهية كل خصائص الحسيم في لن واحد، وخصوصًا موضعه وسرعته. كلما حاولنا معرفة أحدهما بدقة، زادت الريبة في الاخر. الغموض، هنا، ليس عيبًا في أدوات القياس، بل حزء من طبيعة الواقع نفسه. هذه ليست مشكلة تقنية يمكن التغلب عليها باختراع أحهزة قياس أكثر دقة، بل حقيقة بنيوية للكون. فسمات الكون هي سمات أصغر مكوناته. واذا كان اصغر مكوناته خاضع لقانون الريبة فالكون ايضا خاضعا له.

الأمر أشبه بمحاولة الإمساك بظل: كلما اقتربت، تغير شكله. وهذا يعني أن العالم في حوهره لا يقدم لنا صورة ثابتة للحقيقة. بل إن كل محاولة لفهمه بدقة، تُنتج شكلًا حديدًا من الغموض. إنها لحظة يتحول فيها العلم من البحث عن «ما هو»، إلى التعامل مع «ما يمكن أن يكون»، من الصرامة والدقة الرياضية لرصد وتفسير الظواهر الفيزيائية إلى المرونة الاحتمالية. مبدأ الريبة هذا لا يخص فقط الحسيمات الصغيرة، بل يلقي بظلاله على طبيعة المعرفة نفسها: هل يمكننا أن نعرف شيئًا بالكامل؟ أو أن نثق في صورة كاملة للواقع؟ أم أن الحقيقة، بطبيعتها، لا يمكن رصدها بشكل كامل.

في بداية القرن العشرين، أراد علماء الفيزياء فهم حقيقة طبيعة الضوء والمادة: هل تسلك الحسيمات مثل الإلكترونات والفوتونات سلوك

الحسيمات الصلبة؟ أم أنها تتصرف كموجات؟ سؤالا بسيطا حدا. كان هذا هو الهدف الأصلي من تحربة الشق المزدوج – تحربة بسيطة ظاهريًا، لكنها أصبحت واحدة من أكثر التحارب إرباكًا وغرابة في تاريخ العلم. الغرض كان اختبار ما إذا كانت هذه الحسيمات الصغيرة حدًا، مثل الالكترونات، تمر من خلال احد الشقين فقط كحسيمات، أم تتصرف مثل موجات تنقسم و تمر من الشقين معًا ثم تتلاقى لاحقا بعد ان تعبر الشقين. اذا تصرفت كموجات و انقسمت ستظهر نمطًا من التداخل على الشاشة الخلفية (خطوطا مضيئة و معتمة).

لتبسيط تحربة الشق المزدوج، تخيّل أنك تطلق كرات صغيرة نحو حاحز فيه شقّان، وخلفه شاشة تسحّل مواقع الكرات. إن مرّت الكرات عبر شق واحد، تظهر على الشاشة نقطتان خلف الشقّين – وهو سلوك نموذحي للحسيمات.

أما عند إطلاق موحات (كأمواج الماء)، فإن الموحة تنقسم عند الشقين وتتداخل، مما ينتج نمطًا من الخطوط المضيئة والمعتمة على الشاشة – ناتج عن تداخل القمم والقيعان.

عندما أُحريت التحربة باستخدام الضوء، ظهر نمط التداخل، مما يشير إلى أن الضوء يتصرف كموحة.

الأكثر إدهاشًا أن النمط نفسه ظهر عند إطلاق إلكترون واحد في كل مرة! أي أن الالكترون – وهو حسيم – مرّ من الشقين في لن واحد وتداخل مع نفسه، كما لو أنه موحة.ولكن عند إضافة حهاز لقياس أي شق مرّ به الالكترون، يختفي نمط التداخل تمامًا ويظهر سلوك الحسيم.

هذا السلوك هو ما يُعرف بـتأثير المراقب (Observer Effect): محرد عملية القياس تغيّر نتيحة التحربة. لكنها ليست «إرادة» من الالكترون، بل

انهيار في وظيفة الموجة الكمومية عند القياس.

التحربة تُظهر أن الإلكترونات (وكل الحسيمات الكمومية) لا تتبع سلوكًا محددًا حتى يتم قياسها، وتتصرف كموحات وحسيمات في لنٍ واحد، حسب السياق التحريبي.

وكأن الحسم في الحالتين معا ولكن لحظة الرصد تنهار الدالة ويختار حالة واحدة. هذا ما يسمى في فيزياء الكم بـ»انهيار التراكب الكمومي»: الحسيم لا يكون في حالة واحدة قبل الملاحظة، بل في مزيج من كل الحالات الممكنة، ولا «يتخذ حالته» إلا عندما نراقبه. هنا تطرح الفيزياء سؤالًا مذهلًا: اذا كان الكون يسلك سلوك لصغر مكوناته فهل الواقع موحود بذاته، أم أنه احتمالات قائمة حميعها و متراكبة فقط ينتظر (المراقبة) ليأخذ شكله؟ تحربة أُحريت في البداية لفهم طبيعة الحسيمات، انتهت بتحول خطير في ادراكنا للواقع: الواقع ذاته قد لا يكون حاسمًا، بل متراكبا او متغيرًا واحتمالات قائمة حميعها في الوقت ذاته ما نظنها الحقيقة تظهر فقط بحسب طريقة رصدنا له.

لذلك، سنعود كثيرًا في هذا الكتاب إلى هذه التحربة. لأنها ليست محرد تحربة علمية، بل بوابة عميقة لفهم أن «الحقيقة» كما نظنها، قد تكون أكثر هشاشة، وتعقيدًا مما نتخيل. وبدا ان فكرة التراكب الكمومي ستأخذنا لمناطق حديدة حيث لم تعد الفيزياء الكلاسيكية تفسر هذه الظواهر و بدأت الفيزياء الكمية يتسع حيزها وحضورها. كانت الفيزياء الكمية — أو كما تُسمّى «ميكانيكا الكم» — كنظرية حديدة لفهم هذا العالم المراوغ.

بحلول ثلاثينيات القرن العشرين كان هذا الأمر محيرًا وغير منطقيا بالنسبة للفهم التقليدي للواقع، مما دفع الفيزيائي النمساوي إرفين شرودنغر إلى اقتراح تحربة ذهنية شهيرة، تهدف إلى إبراز غرابة هذه الفكرة: تحربة

«قطة شرودنغر».

فما هي هذه التجربة؟

تخيل أن هناك قطة داخل صندوق مغلق. بجانبها يوجد جهاز يحتوي على ذرة مشعة، وقارورة سم، وجهاز يعمل بشكل تلقائي:إذا تحللت الذرة المشعة، فإنها تُطلق إشارة للجهاز، تكسر القارورة، ويخرج السم من القارورة فتموت القطة.وإذا لم تتحلل، لا يحدث شيء، وتبقى القطة حيّة.

وفقًا لقوانين ميكانيكا الكم عملية التحلل الاشعاعي هي عملية عشوائية لا يمكن الحزم بها وبالتالي ، الذرة قبل أن نراقبها – ليست في حالة تحلل أو عدم تحلل فقط، بل في كلا الحالتين معًا، أي أنها في «تراكب كمومي» بين الحالتين. وبما أن حياة القطة تعتمد على حالة الذرة، فإن القطة بدورها تكون في كلا الحالتين «حية وميتة» في نفس الوقت طالما لم نفتح الصندوق وننظر داخلًا.

لكن بمجرد أن نفتح الصندوق، وننظر لنرى حالتها، تنهار كل هذه الاحتمالات إلى نتيجة واحدة: إما أنها حية أو ميتة. لماذا يحدث ذلك؟ لأن فعل «الملاحظة» في عالم الكم لا يكتفي بالكشف عن الحقيقة، بل يشارك في صناعتها.كان الهدف من هذه التجربة ليس إثبات أن القطط يمكن أن تكون حية وميتة معًا حرفيًا، بل التفسير الكمي الغريب للعالم على هذا المستوى الدقيق. في عالمنا، إما أن يكون الشيء موجودًا أو غير موجود. إما أن تكون القطة حيّة أو ميتة. لكن في العالم الكمومي، يمكن أن تكون الاحتمالات كلها قائمة معًا في نفس الوقت إلى أن نقرر الرؤية. اي ان لا وجود للحقيقة قبل رصدنا لها. رصدنا للشيئ هو ما يصنع حقيقته.

هكذا، تحولت «قطة شرودنغر» إلى رمز فلسفي بقدر ما هي فكرة علمية:

هل الواقع موجود في شكل محدد قبل أن نلاحظه؟ أم أنه ينتظر إدراكنا كي يتشكل؟

وهل المراقبة تكشف الحقيقة؟ أم تخلقها؟

قبل القرن العشرين، كانت الفيزياء – وخاصة الكلاسيكية منها – قائمة على الحتمية. كان يُعتقد أنه إذا عرفنا الحالة الأولية لأي نظام (سرعة، موقع، اتحاه)، يمكننا التنبؤ بدقة بما سيحدث لاحقًا. تمامًا كما تتنبأ بحركة كرة بعد رميها، أو بموقع الكواكب في المستقبل. هذا التصور انهار مع ميكانيكا الكم. الحسيمات على هذا المستوى الدقيق في الكون لا تخضع للحتمية. لا يمكن التنبؤ بحركتها بدقة، حتى لو عرفنا كل مدخلاتها. بل إن مستقبلها مفتوح على احتمالات متعددة، لا تتحقق إلا عند الرصد. هذه «اللاحتمية» ليست ناتحة عن قصور في المعرفة او في القياس، بل هي حزء من طبيعة الواقع ذاته.

لكن من هو «الراصد» هنا؟ هل المقصود هو حهاز القياس؟ أم أن هناك دورًا فعليًا لوعي الإنسان نفسه في حسم النتيحة؟

هذا السؤال دفع العديد من الفيزيائيين والفلاسفة إلى مناطق تفكير غير مألوفة. العالم حون فون نيومان اقترح أن حهاز القياس وحده لا يكفي، بل لا بد من مراقِب واعٍ ليحدث الانهيار الكمومي و تتشكل الحقيقة. وفي رأي لخر ليوحين ويغنر، فإن الوعي البشري هو العنصر الحاسم في هذه العملية. بحسب هذا الطرح، فإن الواقع لا يوحد كحالة منفصلة عن المراقب، بل يتشكّل لحظة أن نرصده و نعيه. وهذا يعني ان الوعي البشري يشكل الحقيقة و لا يرصدها فقط.

بعبارة أوضح: الحسيم في العالم الكمومي لا يختار أن يكون هنا أو هناك إلا عندما «ننظر» اليه. ما لم نرَه، يظل كل شيء في حالة «ربما». وما

إن نوحّه وعينا، تنهار كل الاحتمالات، ويتحسّد احتمال واحد فقط: هذا هو «الواقع» الذي نراه.

هذا الفهم يدفعنا نحو سؤال فلسفي مزلزل:

هل الكون اذن موجود بمعزل عن وعينا به؟

هل كانت النحوم لتسطع، والحسيمات لتتحرك، والزمن ليمرّ، لو لم يكن هناك «مَن يلاحظ» كل ذلك؟إذا كان الواقع لا يتشكّل إلا بفعل الملاحظة، فإننا كبشر لا نكون فقط مراقبين، بل مشاركين في صنع الوحود ذاته. والوعي البشري، بهذا المعنى، لا يكون فقط أداة إدراك، بل شرطًا لظهور الواقع نفسه.

والان السؤال الأّهم

هل هناك واقع او كون بدون وعي الإنسان

وهل هناك كون بعد موت الانسان؟ ام بموت الانسان ينتهي الكون؟

من وحهة نظر فلسفية (solipsism)، تقول إن كل شيء بما فيه الكون لا معنى له إلا بوحود الوعي الذي يُدركه. فإذا اختفى الوعي، لاحود للكون. من هذه الزاوية، يمكن القول إن كل إنسان يعيش «كونه الخاص»، وأن نهاية حياته قد تعني نهاية ذلك الكون بالنسبة له. هذا لا يعني أن الكون كله يزول، بل أن إدراكه له يختفي، ومعه تنتهي قصته الخاصة بالكون. هذه النظرة الفلسفية لم تعد فلسفية فقط.

والان فيزياء الكم في تفسيراتها تؤكد ان ادراك الكون مرتبط بوعي المراقب و ان دون «الوعي» لا وحود للكون، ينتهي الكون بانتهاء وعي الانسان ربما او ربما تنتهي القصة التي كان هو بطلها. لذلك الكون ينتهي بانتهاء وعي الانسان فلو الموت هو انتهاء الوعي يعني ان موت الانسان هو

نهاية الكون.

الفيزياء، منذ نيوتن حتى الان، لم تتوقف عن السعي لفهم الحقيقة. لكن مع كل اكتشاف جديد، تتغير «الصورة». كل نظرية نعتبرها نهائية، تأتي بعدها نظرية تنقضها أو توسّعها. هذا لا يعني أن العلم يفشل، بل أنه في حالة مراجعة دائمة. العلم ليس بحثًا عن الحقيقة المطلقة، بل عن نماذج أكثر دقة للاقتراب منها. نحن لا نصل إلى «الحقيقة» بقدر ما نصنع أفضل وصف لها، بناءً على الأدوات المتاحة في كل عصر. لذلك، فإن الفيزياء الحديثة لا تُقدّم إجابات نهائية، بل تُذكّرنا بتواضع أن كل ما نعرفه اليوم، قد يكون قابلًا لإعادة النظر غدًا. وربما، في نهاية المطاف، ليست «الحقيقة» شيئًا نصل إليه، بل عملية لا تنتهي من الرؤية، والمراجعة، وإعادة الاكتشاف.

عندما ننظر إلى ما كشفت عنه الفيزياء الحديثة، نجد أنفسنا أمام صورة غير مألوفة للواقع؛ واقع لم يعد كتلة صلبة من الحقائق المطلقة، بل شبكة مرنة من الاحتمالات، لا تتجلى إلا بوجود الراصد ووعية «الوعي». لقد تحول العلم من أداة لقياس العالم كما هو، إلى عدسة تُظهر لنا أن العالم ذاته يتشكّل وفقًا لطريقة نظرتنا إليه. من النسبية التي كسرت فكرة الزمن والمكان المطلقَين، إلى ميكانيكا الكم التي أطاحت بالحتمية الكلاسيكية، أدركنا أن الحقيقة ليست شيئًا نصل إليه، بل شيئًا نشارك في تكوينه.

وهكذا، لم تعد الفيزياء تفسّر فقط «كيف يعمل الكون؟»، بل فتحت لنا بابًا لتساؤلات أعمق: «ما هو الواقع؟»، «وهل نحن جزء من تكوينه؟»، و«هل الحقيقة موجودة خارج وعينا، أم أنها تستدعي وجودنا لتتشكل؟».

هذه التساؤلات، التي قد تبدو فلسفية في ظاهرها، تنبع من معادلات وتجارب فيزيائية دقيقة، ما يجعل من هذا الفصل بداية لتحوّل جذري في طريقة فهمنا للعالم. وإذا كانت الحقيقة تتغير عندما نراها، فربما لن الأوان

لننظر لأنفسنا كجزء من المعادلة، لا كمراقبين فقط، بل كصانعين للحظة الوجود نفسها. لطالما ان الحقيقة غير موضوعية والواقع اصبح ذاتيا وليس موضوعيا يبدو انه لن الأوان ان نعترف اننا لا نعيش الحقيقة كما كنا نعتقد بل قد نعيش في زيف او وهم معتقدين انه الحقيقة.

References المراجع

Barrett, J. (2016). *Superposition and subjective observation.* British Journal for the Philosophy of Science, 67(2), 411–432.

Busemeyer, J. R., & Bruza, P. D. (2012). *Quantum models of cognition and decision.* Cambridge University Press.

Chalmers, D. J. (1996). *The Conscious Mind: In Search of a Fundamental Theory.* Oxford University Press.

D›Espagnat, B. (1979). *The Quantum Theory and Reality.* Scientific American, 241(5), 128–140.

Everett, H. (1957). *"Relative State" Formulation of Quantum Mechanics.* Reviews of Modern Physics, 29(3), 454–462.

Heisenberg, W. (1958). *Physics and Philosophy: The Revolution in Modern Science.* Harper & Row.

Joos, E., Zeh, H. D., Kiefer, C., Giulini, D., Kupsch, J., & Stamatescu, I. O. (2003). *Decoherence and the Appearance of a Classical World in Quantum Theory* (2nd ed.). Springer.

Leggett, A. J. (2002). *Testing the limits of quantum mechanics: motivation, state of play, prospects.* Journal of Physics: Condensed Matter, 14(15), R415–R451.

Maudlin, T. (2011). *Quantum Non-Locality and Relativity: Metaphysical Intimations of Modern Physics.* Wiley-Blackwell.

Norsen, T. (2010). *Foundations of Quantum Mechanics: An Exploration of the Physical Meaning of Quantum Theory.* Springer.

Penrose, R. (2004). *The Road to Reality: A Complete Guide to the Laws of the Universe.* Vintage.

Rovelli, C. (2016). *Reality Is Not What It Seems: The Journey to Quantum Gravity.* Riverhead Books.

Schlosshauer, M. (2007). *Decoherence and the Quantum-to-Classical Transition.* Springer.

Schrödinger, E. (1935). *Die gegenwärtige Situation in der Quantenmechanik.* Naturwissenschaften, 23(48), 807–812. [Translation: "The present situation in quantum mechanics," where Schrödinger introduced the famous cat paradox.]

Stapp, H. P. (2009). *Mindful Universe: Quantum Mechanics and the Participating Observer*. Springer.

Tegmark, M. (2014). *Our Mathematical Universe: My Quest for the Ultimate Nature of Reality*. Knopf.

Wheeler, J. A., & Zurek, W. H. (1983). *Quantum Theory and Measurement.* Princeton University Press.

Wigner, E. P. (1961). *Remarks on the mind-body question.* In I. J. Good (Ed.), The Scientist Speculates (pp. 284–302). Heinemann.

Zeilinger, A. (2005). *The message of the quantum.* Nature, 438(7069), 743

الفيزياء الحديثة
تُعيد تعريف الواقع

في الفصول السابقة، أدركنا أن الحقيقة ليست مطلقة، وأن الواقع، كما تقوله فيزياء الكم، ليس صلبًا ولا مستقلًا، بل ذاتي واحتمالي. ما يبدو حقيقيًا ليس بالضرورة كذلك، وما نتوهم أنه ملموس قد يكون محرد استحابة إدراكية لحالة كمومية كامنة. ولكن كيف يمكن للمادة، هذا الكيان الذي نلمسه ونراه ونتفق على وحوده، أن تكون غير حقيقية؟ كيف يمكن للكتلة أن تكون محرد وهم، في حين أننا نعيش ضمنها ونتحرك خلالها؟ هل يمكن للكرسي الذي تحلس عليه ان يكون وهما. هل يمكن لكل الاحسام التي تحيط بنا ونتفاعل معها ان تكون وهما شكله ادراكنا ووعينا فقط؟

في هذا الفصل، نفتح نافذة على هذه المفارقة العميقة: كيف يكون الشيء الذي نظنه أكثر ما يربطنا بـ«الحقيقة» هو أول ما يكشف زيفها.

حين تنظر إلى ما حولك، يبدو كل شيء صلبًا: الحدران، الطاولة، حسدك ذاته. تشعر بها، تلمسها، تتفاعل معها وكأنها حقيقة نهائية. لكن الفيزياء تخبرنا أن هذه الصلابة محرد وهم، وأن «المادة» التي نتصورها، ما هي إلا تحلٍّ مؤقت لطاقة في هيئة كتلة ملموسة .

الذرة، أساس كل حسم مادي نلمسه، هي تتكوّن من نواة صغيرة محاطة

بفراغ واسع، وتدور فيها الإلكترونات في مسافات شاسعة نسبة لحجم النواة. في الحقيقة، أكثر من ٩٩٫٩٩٩٩٪ من الذرة هو فراغ غير ملموس. لا يمكن لمس الذرة بسبب طبيعتها هذه. وبالتالي بما ان كل جسم صلب مكون من عدد هائل من ذرات لا كتلة ملموسة لها ذلك يعني ان الجسم الصلب ٩٩.٩٩٩٩٪ منه ليس له كتلة ملموسة و انما فراغ هائل. اذا مالذي يجعلنا نشعر بصلابة أي جسم ويجعلنا نشعر ان هذه الكتل حقيقية.

عندما تضع يدك على الطاولة، فإن الإلكترونات في جلدك تتنافر مع إلكترونات الطاولة. هذا التنافر، نتيجة الشحنات الكهرومغناطيسية المتشابهة، يمنع الجسيمات من «اختراق» بعضها البعض. نشعر بهذه القوة المقاومة، ونترجمها إدراكيًا على أنها «صلابة». لكن في الواقع، لا يوجد تلامس فعلي، ولا «مادة صلبة» بالمفهوم التقليدي. نحن لا نلمس الطاولة، نحن فقط نشعر برد فعل القوة الناتجة من التنافر، وهذا يُنتج وهماً متماسكاً في وعينا اسمه «الملموس». فما نلمسه ليس «المادة» نفسها، بل تأثيرات الحقول والقوى بين الجسيمات.

وهكذا نكتشف أن «الصلابة» ليست خاصية مادية جوهرية للاجسام التي تشكل الكون حولنا، بل هي تجربة إدراكية، ناشئة من تفاعل الحقول. إن الحواس، التي طالما اعتبرناها نافذتنا إلى الواقع، لا تنقل «الحقيقة» بقدر ما تنقل تأويلًا للواقع مبنيًا على الية الدماغ في معالجة الإشارات التي يستقبلها. وحواسنا تترجم مقدار القوة الى «صلابة». اي ان الصلابة ليست حقيقة مطلقة ولكن حواسنا بالاضافة للمعطيات الأخرى شكل منها العقل ادراكا لهذه القوى.

ميكانيكا الكم تأخذ هذا الإدراك إلى بعدٍ أكثر راديكالية. فهي تقول إن الجسيم لا يمتلك خصائص ثابتة، بل يعيش في حالة تراكب كمومي، أي

انه في عدد من الحالات المحتملة في لنٍ واحد. فقط عند الرصد عندما يتدخل الوعي البشري أو حهاز القياس تنهار هذه الاحتمالات إلى واحدة، إلى «واقع» في لحظة الرصد ذاتها و ليس قبلها. وهذا يعني أن الواقع ذاته ليس «قائمًا» في انتظار اكتشافه، بل هو نشأ في لحظة عند التفاعل معه. نحن لا نرى الشيء لأنه موجود، بل الشيء يوحد فقط لأننا رأيناه او لاننا ادركناه في هذه اللحظة.

معادلة اينشتين الشهيرة ربطت الكتلة بالطاقة بسرعة الضوء وبالتالي الكتلة والطاقة لا يمكن فك الارتباط بينهما بل تكشف أن كتلة أي حسم ليست شيئًا قائمًا بذاته، بل هي طاقة مكثفة. كل ذرة، وكل حسم مادي، هو في حوهره تحسيدا لحالة طاقية. وإذا كانت الطاقة والكتلة متبادلتين، فهذا يعني أن كل «مادة» يمكن أن تتحول إلى طاقة، وكل «طاقة» يمكن أن تتحسّد في صورة مادة. وهذا يدعم فكرة ان العالم ليس مبنيًا من «أشياء»، بل من اهتزازات، من تموّحات طاقية تتحلى حين تُرصد.

نظرية الأوتار ذهبت إلى ما هو أبعد: فهي تتدعي ان كل ما نراه من الحسيمات الصغيرة إلى الكواكب ليس إلا اهتزازات في أوتار طاقية دقيقة، يتغيّر سلوكها بحسب توترها وترددها. ظهرت نظرية الأوتار لأول مرة في السبعينيات على يد عدد من الفيزيائيين، أبرزهم غابرييلي فينيسيانو، الذي كان يحاول فهم سلوك الحسيمات النووية. لكنها لم تُفهم على نطاق واسع إلا في الثمانينيات والتسعينيات، عندما لاحظ العلماء أنها قد تكون المفتاح لتوحيد كل قوى الطبيعة.

فالفيزياء في القرن الماضي انقسمت واصبحت امام مشكلة ان النظرية النسبية للأحسام الكبيرة والمحرات صحيحة وفيزياء الكم ايضا صحيحة ولكنها صحيحة للحسيمات متناهية الصغر. ولكن لا يمكن لاحدهما ان تفسر

الاخرى كما ان هناك اربع قوى في الكون لم تحمعهما نظرية واحدة وهذه كانت معضلة للفيزيائيين. حاءت نظرية الأوتار مع امكانية توحيد حميع القوى من منظور فيزيائي نظري واحد.

تقوم النظرية على فكرة ثورية: الحسيمات التي كنّا نعتبرها أصغر وحدات المادة، مثل الإلكترون أو الكوارك، ليست «نقطًا» بلا حجم، بل أوتارًا مهتزة دقيقة للغاية، تختلف خصائصها باختلاف نمط الاهتزاز. تمامًا كما يُنتج الوتر الموسيقي في العود او الحيتار نغمة معينة مع كل اهتزازة و نستطيع ان نؤلف عدد لا نهائي من المقطوعات الموسيقية. فإن كل حسيم في الكون هو في الحقيقة «نغمة» من نغمات هذا الوتر الكوني. بهذا المعنى، لا تختلف المادة عن الطاقة أو القوى الأساسية، فحميعها اهتزازات لأوتار أولية في فضاء من عشرة أو أحد عشر بُعدًا – أبعاد لا نراها لأنها «مطويّة»و صغيرة حدًا.

نظرية الأوتار تختلف عن كل ما قبلها، لأنها تدمج الحاذبية – التي استعصت على كل النظريات الكمومية بشكل طبيعي، وتعيد تعريف الواقع باعتباره نظامًا اهتزازيًا، لا محموعة أشياء منفصلة. إذا صحّت هذه النظرية، فإن الكون نفسه قد لا يكون مبنيًا من «مادة»، بل من ترددات. وهكذا، نكون لسنا أحسامًا صلبة، بل موحات لها تردد، ولسنا منفصلين عن الكون، بل حزءًا من سيمفونيته الكونية. إنها ليست فقط نظرية فيزيائية، بل تغيير حوهري في فهمنا لماهية الوحود ذاته.

المادة في الكون إذًا ليست كيانًا، بل تردد، نغمة ، كل كائن هو مقطع في سيمفونية كونية لا تُسمع، بل تُعاش.وهنا تتلاقى الفيزياء مع الفلسفة. كانت الفلسفات الشرقية، منذ الاف السنين، ترى الوحود ليس كمادة صلبة، بل كحالة وعي واهتزازات. البعض من هذه الفلسفة تعتقد ان الاندماج مع

الكون والتأمل يتطلب اصوات او نغمات تطلق ليتوافق ترددها مع تردد حالات معينة في الكون. في الفلسفات الشرقية مثل الفيدية والطاوية والبوذية، نحد مفاهيم مثل Maya (الوهم) و Tao (الفراغ المملوء)، التي تفترض أن العالم المحسوس ليس إلا قناعًا على وحه الحقيقة، وأن الطاقة – لا المادة – هي حوهر الوحود. وما كان يُعتبر في الماضي تأملات روحية، يُعاد اكتشافه اليوم بلغة المعادلات.

في الطاوية، يُقال:»الكون لا يفعل، لكنه يحعل كل شيء يحدث.» في البوذية المهايانا، يُرفض مفهوم «الوحود الذاتي»، لصالح مفهوم «الاعتماد المتبادل»، حيث لا شيء يوحد بمفرده، بل في علاقته بكل شيء لخر. وهذا تمامًا ما تقوله ميكانيكا الكم: الحسيم لا يتحدد إلا عند الرصد، والكون لا يتشكّل إلا عند التفاعل و ما تؤكدة نظرية الأوتار أيضا فنظرية الأوتار تفترض ان كل الاحسام في الكون عبارة عن اوتار ضغيرة حدا ولكنها ايضا ترتبط بكل الأوتار في الكون في مستويات مختلفة وبالتالي لا يوحد كتلة مستقلة ولكن حميع الاحسام مرتبطة ببعضها البعض وبالتالي اهزازاتها مرتبطة. النغمة الكونية التي تنتج من هذه الاهتزاز تكون نتيحة اهتزاز حميع الأحسام.

من هذه الزاوية، يصبح كل ما نراه – الضوء، الصوت، الأحسام، المسافة – تمثيلات طاقية داخل وعينا، لا خارحنا. ما نسميه «واقعًا ماديًا» ليس أكثر من إسقاط داخلي لمحالات اهتزازية. الضوء، مثلًا، لا يُرى، بل يُقاس من خلال استحابته على الشبكية. الصوت لا يُسمع، بل يُستشعر من خلال اهتزازات الهواء. وحتى اللمس هو محرّد تفاعل بين محالات طاقية، وليس تماسًا حقيقيًا.

الفيزياء الان لا تقول إن الواقع غير موحود، بل تقول إنه غير موحود

بالطريقة التي نعتقد. ما نظنه صلابة هو محرد مقاومة (طاقة). ما نراه كثافة هو محرد تنظيم طاقي. وما نعتبره «مادة» هو حدث إدراكي يحدث في لحظة التفاعل.

الفلسفة الروحية تضيف منظورًا مكمّلًا: نحن لسنا فقط مراقبين سلبيين للكون، بل مشاركون في خلقه. النية، الشعور، والوعي وهي مفاهيم روحية تُعاد قراءتها في الفيزياء كمكونات لعملية الرصد. فكما أن الراصد يؤثر في سلوك الحسيم، فإن النية قد تحدد سلوك الموقف، والشعور يضبط تردد العلاقة مع الاخرين، والوعي يُفعّل الواقع من شبكة احتمالات. ما كان تنكره الفيزياء في السابق كالشعور والنية و الرغبة اصبح يمكن ان يرى من منظور نظرية الأوتار فقد يكون كل تلك المشاعر والنيات الكامنة في الوعي ضمن النغمة الكونية التي يساهم في تشكيلها كل مكونات الكون. اذا كانت الاشعة تحت الحمراء لها موحات ولها تردد ولكننا لا نراها بالعين المحردة قد يكون مكونات الوعي كالنية والشعور والرغبة والإحساس لها تردد ولكننا لم نتمكن من رصدها الى الان. في الفلسفات الشرقية القديمة لا تفصل الوعي عما يحدث لنا في الكون فهل يمكن ان تتفق معها الفيزياء في المستقبل كما اتفقت معها لاحقا في مبادئ كانت ترفضها الفيزياء رفضا قاطعا؟

وفي ضوء هذا كله، يصبح من الممكن أن نقول: الكون لا يوحد لأنه موحود، بل يوحد لأننا نشعر به.

إن المادة، إذًا، ليست لبًّا صلبًا للوحود نلمسه ، بل واحهة احتمالية، نُعيد تشكيلها لحظة بلحظة عبر وعينا - الوعي الفردي اوحتى الوعي الحمعي طالما ان الكون في اعماقه البعيدة متشابك حسب نظرية الأوتار واهتزاز شيئ ما، يؤدي لاهتزاز ما يتأثر به. وعليه، فإن السؤال لم يعد: «هل ما نراه حقيقي؟» فقد اتفقت الفيزياء والفلسفة انه غير حقيقي بل السؤال : «كيف

يتشكّل ما نراه من علاقتنا به؟»

في النهاية، لسنا مطالبين بإنكار العالم، بل بفهم طبيعته الأعمق كما زعمتها الفلسفة بداية ، ثم ما وحدته الفيزياء لاحقا. اذا كان هذا الواقع غير حقيقي ، نعم انه مفزع ان نعتقد اننا نعيش في وهم او زيف ونحن نظن انه الحقيقة. يصاب الانسان بالدهشة والغرابة عندما يواجه هذه الحقيقة لانه ذلك يقوض اركان الواقع الذي يعيشه والذي تقوم عليه حياته وقد يظن انه كان اسير للوهم طوال هذا الوقت. في الحقيقة لسنا أسرى وهم، بل سادة وهمٍ يمكننا تشكيله. وهذه الأفق التي تفتحها هذه النظرة الفيزيائية و الفلسفية المتقدمة العالم ليس لوحة جاهزة نراها، بل لوحة نرسمها مع كل لحظة بوعي و إدراك.

المراجع

Bohr, Niels. *Atomic Physics and Human Knowledge*. John Wiley & Sons, 1958.

Heisenberg, Werner. *Physics and Philosophy: The Revolution in Modern Science*. Harper & Row, 1958.

Wheeler, John A., & Zurek, Wojciech H. (Eds.). *Quantum Theory and Measurement*. Princeton University Press, 1983.

Einstein, A., Podolsky, B., & Rosen, N. (1935). *Can Quantum-Mechanical Description of Physical Reality Be Considered Complete?* Physical Review, 47(10), 777.

Tegmark, Max. *Our Mathematical Universe: My Quest for the Ultimate Nature of Reality*. Knopf, 2014.

Zeilinger, Anton. (2005). *The message of the quantum*. Nature, 438(7069), 743.

Penrose, Roger. *The Road to Reality: A Complete Guide to the Laws of the Universe*. Jonathan Cape, 2004.

Rovelli, Carlo. *Reality Is Not What It Seems: The Journey to Quantum Gravity*. Riverhead Books, 2017.

Schlosshauer, Maximilian. (2005). *Decoherence, the measurement problem, and interpretations of quantum mechanics*. Reviews of Modern Physics, 76(4), 1267.

Wigner, Eugene P. (1961). *Remarks on the mind-body question*. In *The Scientist Speculates* (pp. 284–302). Heinemann.

وهم الساعة: تفكيك الزمن بين الفيزياء والتجربة

في الفصول السابقة، طرحنا سؤالًا جوهريًا طالما حيّر العقل البشري: هل الواقع حقيقي أم ذاتي؟ وهل ما نراه ونلمسه هو حقًا كما يبدو، أم أنه مجرد وهم يتشكّل في وعينا؟ خضنا رحلة في تفكيك عناصر هذا الواقع الملموس من الضوء إلى المادة، من الكتلة إلى الطاقة لنكتشف أن ما كنا نظنه «ثابتًا» قد يكون في جوهره مجرد تمثيل احتمالي، لا يكتمل إلا في لحظة الإدراك. لكننا لم نقترب بعد من السؤال الأعمق، أو بالأحرى من الركيزة التي يتشبث بها العالم الكلاسيكي لإثبات موضوعية الواقع: الزمن.

الزمن، في الفيزياء الكلاسيكية، يُقدَّم كأمر بديهي: كيان مطلق، يتدفق في اتجاه واحد، يقيس التغيّر ويضبط الواقع. لكن إذا كان ما حولنا من كتلة وصلابة يمكن أن يُفكك إلى طاقة وتذبذبات، وإذا كانت المادة نفسها لا تتحدد إلا عند الرصد، فهل يمكن للزمن أن يبقى مطلقًا؟ هل هو حقيقة قائمة خارجنا؟ أم أنه، كما تشير بعض الرؤى الفيزيائية والفلسفية الحديثة، حالة إدراكية، يتشكّل معنا لا قبلنا؟ في هذا الفصل، نبدأ في مساءلة الزمن كما لم نفعل من قبل. هل الزمن «شيء»؟ أم «إحساس»؟ هل هو مستقل عنّا؟ أم أننا نصنعه لحظة بلحظة؟ سنغوص في النظريات الفيزيائية من أينشتاين إلى نظرية الأوتار، ونفتح باب الفلسفة لنرى كيف تغيّر الزمن،

وكيف قد يكون فهم طبيعته هو مفتاح فهم طبيعة الواقع ذاته.

تخيّل نفسك حالسًا على كرسي في غرفة الانتظار، تحدّق في ساعة الحائط، وتنتظر نتيجة تحليل، أو مكالمة مصيرية، أو بابًا يُفتح ليُنهي حالة من الترقّب... في هذه اللحظة، الزمن لا يمضي، بل يكاد يتحمّد. كل دقيقة تبدو وكأنها ساعة. وها أنتَ بحسدك وثقلك وتوتّرك تعيش زمناً كثيفًا، لا يشبه زمن الأمس حين كنتَ تضحك مع صديقك أو عندما كنت تقضي يوما حميلا مع اسرتك، حيث مرّت الساعات وكأنها ومضة.

تحربتك الشخصية هذه وشعورك بالزمن ليست محرد انطباع نفسي و نظرة فلسفية بحته، بل هي دعوة للتشكيك في أمرٍ نظنّه بديهيًا: هل الزمن كيان مطلق يسير بنا حميعًا بنفس الإيقاع والرتم، أم أنه تحربة نسبية يتشكل داخلنا نحن؟

كلنا نحسُّ الزمن. لكن لا أحدٌ منا يراه. لا يمكننا لمسه أو الإمساك به. نعرفه من خلال أثره: التحاعيد في وحوهنا، الذكريات في عقولنا، الغروب في الأفق وتعاقب الليل والنهار لكن هل هو شيء خارج عنّا؟ أم إنه إسقاط عقلي نستخدمه لتنظيم فوضى اللحظة؟

متى تشعر بالزمن أكثر؟ حين تفتقد، حين تتألم يتمدد الزمن. الزمن لا يُقاس بساعات اليد، بل بنبض القلب، بشدّة الانتظار، بعُمق الاشتياق. عندما نفارق من نحب لا تمضي ساعة بل عمر من الاشتياق يحعل من عقارب الساعة وكأنها لم تتحرك في حياتها قط.

وهنا تكمن المفارقة: إذا كان الشعور بالزمن يختلف من شخص إلى لخر، ومن ظرف إلى لخر، فهل يمكن اعتبار الزمن حقيقة مطلقة كما افترضتها الفيزياء الكلاسيكية؟ أم أنه محرد وسيلة ذاتية ابتكرها العقل البشري ليمنح العالم نوعًا من التسلسل والترتيب والمعنى؟

تحضرني هنا تحربة Deep Time الفرنسية، حين حُبس ١٥ متطوعًا داخل مكان مغلق لمدّة ٤٠ يومًا بلا ساعات أو ضوء، واعتمدوا كليًا على ساعاتهم البيولوحية الداخلية. بعد خروحهم، صُدموا حين وصفوا التحربة بأنها ٣٢ يومًا فقط، رغم مرور ٤٠ يومًا حقيقية. اي ان ساعاتهم البيولوحية الداخلية رصدت زمنا مختلفا عن زمن الساعة المطلق. أن تحربة الكهف (Deep Time) ليست الأولى في هذا النوع من الأبحاث، بل تؤكد أو «تصحّح» فهمنا لنتائج تحارب أقدم، أبرزها ما قام به ميشيل سيفر (Michel Siffre) في الستينيات والسبعينيات. سيفر، وهو عالم فرنسي، أمضى فترات طويلة في كهوف مظلمة ومعزولة تمامًا عن الوقت دون شمس، أو ساعات، أو أي إشارات خارحية لدراسة كيف يعمل الإيقاع البيولوحي للإنسان في غياب الزمن الخارحي.

هذه النتائج تطرح أسئلة عميقة حول طبيعة الزمن ذاته: هل هو ثابت، أم مرن يتشكل في وعينا؟وهنا نبدأ نرى كيف يختلف الواقع من شخص لاخر، حتى وإن عاشوا في نفس المكان والزمان. ان الساعة البيولوحية للانسان بدت مختلفة عن الساعات التي ترصد الواقع الموضوعي. وبالتالي هناك زمن ترصده الساعه البيولوحية ويرصد واقع ذاتي يعتمد على التحربة و ساعة ميكانيكية ترصد زمن وواقع موضوعي يتفق الحميع علية.

الان بدا واضحا ان الزمن لم يعد موضوعيا و مطلقا بل قد يختلف من شخص لاخر وبالتالي يرصد واقعا ذاتيا و ليس واقعا موضوعيا. اذا الزمن الذي نرصده نحن بحواسنا وادراكنا ليس مطلقا و له نفس المقدار للحميع بل متغير من شخص لاخر حسب ما نستشعر هذا الكون بحميع حواسنا.

من الفلسفات القديمة التي اعتبرت الزمن أداة تنظيم إدراكي، إلى فيزياء القرن العشرين التي بدأت تتعامل مع الزمن كعامل مرن، قابل

للتشكل والانكماش والاختفاء حتى. ان يصبح صفرا. نحن أمام مفهوم شديد الغموض والمرونة. مفهوم يبدو أنه لا يوحد خارج وعينا، بل يتشكل فقط في داخلنا.

في هذا الفصل، لن نكتفي بالتساؤل الفلسفي «ما هو الزمن؟»، بل سنذهب أعمق: هل الزمن أصلاً موحود؟ أم أنه محرد وهم أو محاكاة عقلية تساعدنا على ترتيب فصول حياتنا؟

وسنبدأ رحلتنا من المفهوم الأعمق للزمن، كما نراه نحن لا كما تخبرنا به ساعات الحائط ثم نغوص في المفاحلت التي فحّرتها النظرية النسبية، وتحارب ميكانيكا الكم، لندرك كيف أصبحت الفيزياء نفسها تقول: الزمن قد لا يكون أكثر من مرلة وعينا... وربما لم يكن موحودًا أصلًا.

هل أنت مستعد لتفكيك الزمن؟

حين نتأمل فكرة الواقع سواء في صورته الفيزيائية «الموضوعية» أو الذاتية كما نعيشه ونستشعره لا يمكننا تحاهل أحد أهم أضلاع هذا الواقع: الزمن. فالزمن هو الهيكل الذي تُبنى عليه تحربتنا الكاملة للوحود، ومع ذلك، يبدو هذا الهيكل هشًا وغامضًا عندما نبدأ في طرح الأسئلة الكبرى: هل الزمن شيء مادي حقيقي؟ أم محرّد بناء ذهني وهمي؟

من منظور فلسفي، لطالما اعتُبر الزمن مفهوماً مرتبطًا بالوعي، لا بالواقع المستقل. نحن لا نرى الزمن كما نرى الأحسام أو نلمسه كما نلمس الأشياء؛ بل نحسّه، نعيشه، ونقيسه من خلال تغيّراتنا الداخلية والخارحية. الفيلسوف الألماني «كانت» اعتبر الزمن شكلًا من أشكال الإدراك، و طريقة لتنظيم التحربة الحياتية لا أكثر أي أن الزمن لا يوحد «هناك في الخارج» مستقل بذاته، بل «هنا في وعينا» ونحن من نعطيه قيمه بادراكنا له. لطالما رأت الفلسفة الزمن كعامل نسبي لا وحود له، مرتبط بتحربة الانسان الذاتية

وبالتالي اذا كان الزمن عامل رئيسي لإدراك الواقع فذلك يعني انه طالما الوقت مرتبط بتحربة ذاتية اذا الواقع أيضا واقعا ذاتيا.

تحربتنا اليومية تؤكد هذا الالتباس. لحظات السعادة تمرّ خاطفة، أما لحظات الألم أو الترقب فكأنها تمتدّ بلا نهاية. هذه التباينات، التي تبدو عاطفية في ظاهرها ومرتبطة بشعور الفرد منا، تكشف عمقا فلسفيا أبعد: أن الزمن لا يُعاش كمقدار فيزيائي، بل كتحربة شعورية. حين نحلم ونحن نائمون ، يمكن لثوانٍ معدودة في الواقع أن تتحول إلى ساعات داخل الحلم. بالتأكيد قد مر عليك يوما طويلا وكأنه ايام ومرت عليك لحظات خاطفة لم تشعر كيف مرت عليك. فكيف نفهم الزمن إذًا؟ هل هو واقع موضوعي كما تتدعي الفيزياء الكلاسيكية؟ يقاس بقياس ثابت ووحدات قياس متساوية يشعر بها الجميع بنفس القدر أم انه تحربة ذاتية خادعة؟ هل الزمن وهم نحن خلقناه بادراكنا ام انه موحود وثابت هناك و نحن نعيشه كما هو.

تصرّ الفيزياء الكلاسيكية على أن الزمن مكوّن حقيقي من مكونات الطبيعة. منذ نيوتن، اعتُبر الزمن مقدارًا مطلقًا يحري بتواتر منتظم ومستقل عن الوعي أو التحربة. الساعة في هذه الرؤية لا تخطئ، والزمن يتقدم في خط مستقيم من الماضي إلى الحاضر فالمستقبل، بغض النظر عمّن يراقبه أو يشعر به.

لكن هذه الصورة بدأت تتصدع مع ظهور النظرية النسبية لأينشتاين، حيث لم يعد الزمن عنصرًا منفصلًا عن المكان، بل مكوّناً من نسيج واحد يُعرف بـ»الزمكان«. حسب هذه النظرية، يتباطأ الزمن أو يتسارع بحسب السرعة أو شدة الحاذبية، أي أن الزمن لم يعد مطلقًا بل نِسبيًا. وهكذا اقتربت الفيزياء لأول مرة من الطرح الفلسفي: أن الزمن كما نعرفه ليس «ثابتًا»، بل يتشكل وفق سياق الوحود والتحربة.

أما في ميكانيكا الكم، فالزمن يبدو أكثر غموضًا. بعض التفسيرات ترى أن الحسيمات لا «تتحرك في الزمن» كما نتصور، بل توحد في حالات متعددة في وقت واحد، ولا تتحدد خصائصها إلا عند الملاحظة. أي أن الزمن نفسه يصبح غير حاسم، وكأن الماضي لا يسبق الحاضر بل قد يحتويه أو يتراكب معه! ولأن احتمال ان الأحداث تتراكب وذلك يعني ان لا يحددها الا وعي المراقب.

وهكذا، فإن فكرة أن «الزمن وهم» لم تعد محرّد تأمل فلسفي، بل أصبحت احتمالًا علميًا حادًا. فإذا كان إدراكنا للزمن مرهونًا بالوعي، وإذا كانت الفيزياء الحديثة تشكك في ثبات الزمن وسيره الخطي، فربما نعيش في واقع لا يحكمه الزمن كما كنا نظن — وربما الزمن نفسه، بكل ما يحمل من «ماضٍ» و«حاضر» و«مستقبل»، ليس سوى إسقاط ذهني لتنظيم إدراكنا لتغيّر الأحداث في حياتنا.

لفهم طبيعة الزمن، لا بد أن نتأمل التحول الحذري الذي أحدثته النظرية النسبية في رؤيتنا له. فبينما كانت الفيزياء الكلاسيكية — منذ نيوتن — تنظر إلى الزمن ككيان مطلق، يسير في خط مستقيم (من الماضي الى الحاضر الى المستقبل) ومتساوٍ للحميع، حاءت النسبية الخاصة والعامة لأينشتاين لتقلب هذا التصوّر رأسًا على عقب.

قال أينشتاين إن الزمن ليس كيانًا منفصلًا ومستقلًا عن باقي عناصر الواقع، بل هو مرتبط ارتباطًا وثيقًا بـ«المكان»، بحيث لا يمكن فصله عنه. وقد صاغ هذا الترابط في مفهوم حديد يُدعى «الزمكان»، وهو النسيج الرباعي الأبعاد الذي يشكّل الكون. وفي هذا النسيج، يختلف مرور الزمن من شخص لاخر، بحسب سرعته ومكانه.

ولتوضيح ذلك، نتأمل المثال الشهير المعروف بـ« تحربة توأم أينشتاين»

وهي تحربة ذهنية أصبحت من أشهر الأمثلة التوضيحية في النسبية الخاصة: تحربة التوأم. في هذا السيناريو، يتخيل الفيزيائيون توأمين متطابقين: أحدهما يبقى على الأرض، والاخر يسافر في مركبة فضائية بسرعة قريبة من سرعة الضوء. عند عودة التوأم المسافر إلى الأرض، سيحد نفسه أصغر سنًا من توأمه الذي بقي على الكوكب بعشرات السنين لأن الزمن مرّ أبطأ بالنسبة له، فالسنوات على الارض قد تكون بالنسبة له اشهرا او اياما -حسب سرعته- بالرغم أنه شعر بالوقت طبيعيًا داخل مركبته وبالتالي تقدمه في العمر المرتبط بالتغيرات الكونية البطيئة حوله كان أبطأ لذلك بقى في سن أصغر. الزمن البيولوحي يتبع الزمن الفيزيائي المحلي، بغضّ النظر عن إدراك الشخص لذلك. وبالتالي قد يكون التقدم في العمر مرتبط بالزمن الفيزيائي المحلي. اذن الزمن ذاتي و نسبي. هذه ليست محرد خدعة إدراكية أو أثر بصري، بل حقيقة فيزيائية قابلة للقياس. فالزمن نفسه «تمدد» بالنسبة للمسافر، وهو ما يُعرف في الفيزياء بظاهرة «تمدد الزمن» (Time Dilation). الان المسافر عبر الفضاء يشعر بالوقت بشكل مختلف عمن هم على الارض وهذه هي نسبية الزمن ان سرعة الانسان غيرت الزمن. . الزمن لم يعد شيئا مطلقا متفق عليه.

هذه ليست حكاية خيالية أو خرافة علمية، بل تحربة افتراضية تنبأت بها معادلات ألبرت أينشتاين في «النسبية الخاصة»، ويمكن إثباتها بدقة رياضية، وقد أُحريت نسخ مصغّرة منها عمليًا باستخدام ساعات ذرية دقيقة. ووحد العلماء أن الساعات الموضوعة على متن طائرات أو أقمار صناعية تسير بسرعة عالية تسحّل زمنًا أبطأ قليلًا من الساعات المطابقة لها على سطح الأرض وهو ما يؤكّد صحّة الفرضية.

وقد يتساءل القارئ المثقف: لكن ماذا عن الحسد؟ هل سيبقى شابًا؟ ألا

تؤثر البيولوجيا أيضًا؟

والإجابة المفاجئة هي: نعم، الجسد نفسه قد يتأثر ببطء الزمن. فكل العمليات البيولوجية — من ضربات القلب إلى عمليات الشيخوخة الخلوية تسير بنفس وتيرة الزمن المحلي الذي يعيشه التوأم داخل المركبة. لذا، فإن هذا التوأم لن يشعر بأنه «تجاوز» خمس سنوات. عقله وجسده اختبرا خمس سنوات فقط، بكل ما فيهما من تجارب وعوامل فيسيويولوجية. بينما شقيقه على الأرض، تعاقبت عليه فيها الأحداث والتغيرات بوتيرة أسرع من تلك التي مر بها توأمه.

السبب في هذا التفاوت هو أن الزمن ليس «خارجياً» منفصلاً عن المراقب، بل يتشكل بحسب سرعة حركته في الزمكان. فكلما اقتربنا من سرعة الضوء، يتباطأ الزمن بالنسبة لنا مقارنة بمن هم في حالة سكون نسبي، وهذا ما تُثبته معادلات النسبية. المفارقة العميقة هنا، والتي واجهت الكثير من الجدل في بداياتها، هي أننا نعيش زمناً يتغير حسب ظروفنا الفيزيائية — من سرعة الحركة إلى شدة الجاذبية. لم يعد الزمن شيئًا واحدًا للجميع، بل تجربة شخصية تتشكل وفق الموقع والسرعة.

في النهاية، فإن تجربة التوأم تكشف عن أمر مذهل: أننا لا نحيا في زمن واحد، بل في أزمنة متعددة متزامنة — كلٌّ وفق حركته، ووعيه، وظروفه.

أما في النسبية العامة، فإن الجاذبية كما السرعة تؤثر أيضًا في الزمن. عندما تم وضع ساعتين، واحدة في طابق أرضي والأخرى في طابق أعلى، وُجد أن الساعة الأعلى (حيث الجاذبية أضعف) كانت تسير أسرع قليلاً. إذن، الزمن لا يمرّ بنفس الطريقة في كل مكان — بل يتباطأ قرب الأجسام ذات الجاذبية العالية.

وفي أقصى الحالات النظرية، تقول النسبية إنه عند الوصول لسرعة

الضوء يتوقف الزمن تمامًا ويصبح صفرا. وهو ما يفتح بابًا فلسفيًا عميقًا للتفكير في «الخلود» واللانهاية. هكذا، فتحت النظرية النسبية بابًا واسعًا لتقاربٍ غير مسبوق بين الفيزياء والفلسفة. الزمن لم يعد حقيقة مطلقة، بل ظاهرة نسبية، مرنة، ومُعتمدة على الراصد. وربما لهذا السبب، بدأت تظهر تساؤلات من نوع: هل الزمن واقع مادي فعلي؟ أم أنه بناء إدراكي، يشكّل وعينا للعالم لكنه ليس موجودًا في ذاته؟ وهل الزمن هو من يحكم الواقع، أم أنه نتاج وعينا به؟

هل الزمن يمر إلى الأمام فقط؟

إذا كان الزمن كما رأينا في النظرية النسبية ليس كيانًا مطلقًا وثابتًا، بل بُعدًا مرنًا يتأثر بالسرعة والحاذبية، واذا كان حسب ميكانيكا الكم حميع الاحتمالات الزمنية موجودة بشكل متراكب، فإن السؤال الذي يُحيّر الفيزيائيين والفلاسفة على حدٍ سواء هو: لماذا يبدو لنا أن الزمن يتحرك دائمًا في اتحاه واحد، من الماضي إلى المستقبل؟ لماذا لا نشعر أبدًا بأننا نعود إلى الوراء، أو نعيش الأحداث بالعكس؟ هذا ما يعرف في الفيزياء والفلسفة باسم «سهم الزمن» (Arrow of Time).

لكن المفاحأة أن الفيزياء لا ترى أن الزمن نفسه يتحرك، أو أنه «يتدفق» كما نتخيله نحن. من منظور نظري، الزمن محرد بُعد رابع مثل الطول والعرض والارتفاع موحود ضمن نسيج الزمكان، ولا شيء في قوانين الفيزياء الأساسية يفترض أن يتحرك هذا البعد في اتحاه معين. فما الذي يحعلنا إذن نشعر بأن الحاضر يتقدّم وأن الماضي يبتعد، بينما المستقبل لم يأتِ بعد؟

هنا يظهر دور القانون الثاني للديناميكا الحرارية، وهو واحد من أقوى القوانين الفيزيائية في وصف العمليات الطبيعية. ينص هذا القانون على أن

الأنظمة في الكون تميل دائمًا إلى التحوّل من حالة منظمة إلى حالة أكثر عشوائية — ما يُعرف بالإنتروبي (Entropy). بعبارة أخرى، الكون يتجه تلقائيًا نحو الفوضى، وليس العكس.

خذ مثلاً بسيطًا: مكعب من الثلج في غرفة دافئة. مع الوقت، يذوب المكعب وتتحول جزيئاته المنتظمة في حالته الصلبة إلى حالة أقل انتظامًا في الماء السائل. هذا التحول يحدث طبيعياً، لكننا لا نرى الماء يتجمد تلقائيًا ليعود إلى مكعب ثلج دون تدخل خارجي لأن ذلك يعني تقليل الإنتروبي، وهو أمر غير مرجح في نظام مغلق كالكون الذي نعيش فيه. وبالتالي نحن نشعر بتدفق الاحداث الصغيرة نحو الامام في اتجاه واحد فقط لذلك، الزمن يبدو وكأنه «يتحرك للأمام» ببساطة لأن العمليات التي نشهدها تمضي في اتجاه تزايد العشوائية، لا العكس.

لكن هذه الحركة ليست خاصية الزمن ذاته، بل تعبير عن كيفية تغير الحالة الفيزيائية للكون. إن وعينا يتتبع هذه التغيرات الصغيرة، ويقوم بتنظيمها في سردية منطقية: بداية ونهاية، سبب ونتيجة، ماضٍ ومستقبل. سهم الزمن ليس سهماً في الواقع بقدر ما هو سهم في وعينا، فنحن من نُسقِط هذا الاتجاه على الأحداث.

في بعض التفسيرات الأعمق، كالتي نجدها في نظرية الزمكان، الزمن لا يتحرك إطلاقاً، بل هو موجود بجميع لحظاته: الماضي والحاضر والمستقبل، كلها موجودة الان «في لنٍ واحد» ولكننا لا ندركها سوى واحدة تلو الأخرى. تمامًا كما لا يمكنك أن ترى جميع صفحات كتاب في لحظة واحدة، بل تمر عليها صفحةً صفحة. فتتوهم ان الزمن متحرك.

عندما تركب دراجة وتشعر بالحركة، فتتوهم أن الأرض هي التي تتحرك من تحتك. كذلك هو الزمن ليس الزمن هو الذي يتحرك، بل أنت

الذي تمر عبر احداثه، خطوة بخطوة، بفعل وعيك. ان ما تعيشه يمر على وعيك كأحداث صغيرة متتالية ووعيك يترحم هذا التدفق في الأحداث كأنه خط زمن يتدفق من الماضي الى الحاضر. محرد ان يمر حدث صغير يكون كنقطة تضاف لخط الاحداث الصغير في الخط الوهمي الذي اعتبرته انت زمن!

في النهاية، يبدو أن إدراكنا الزمني ليس نتاجًا للزمن الموضوعي في حد ذاته، بل انعكاسا لطريقة وعينا في قراءة تغيرات الواقع. وهذا يعيدنا إلى الفرضية الكبرى التي يطرحها هذا الكتاب: أننا لا نعيش في واقع مادي مستقل، بل في «واقع متشكل» يتلون بوعي المراقب، بما في ذلك تحربته مع الزمن ذاته.

وهكذا، إذا كان الزمن كما رأينا ليس نهرًا يتدفق خارِجًا عنّا، بل بُعدًا نمرّ عبره بفعل وعينا، فإننا نبدأ في إدراك أن ما نعيشه من «ماضٍ» و«مستقبل» ليسا سوى إسقاطات ذهنية، وهمٌ منظَّم يصنعه العقل ليفهم به تغيرات العالم. لكن حين تنهار ثوابت الزمن وتتحوّل حقيقته إلى تحربة نسبية مرهونة بالوعي، ندرك أن الواقع نفسه — كما نعرفه — قد لا يكون أكثر من وهم مُتقن. وهمٌ يتحلى بثباتٍ ظاهري ليمنحنا شعورًا بالأمان، بينما هو في حوهره مرلة لانعكاسات وعينا نحن. الزمن، إذًا، ليس إلا أحد أقنعة هذا الوهم الذي تتفق الفيزياء والفلسفة عليه وان وعينا هو ما يمنح هذا الوهم حقيقته.

لطالما كانت العلاقة بين الزمن والوعي البشري موضع تأمل عميق في كل من الفلسفة وعلم الأعصاب والفيزياء. فالزمن ليس محرد خلفية صامتة تحري عليه الأحداث، بل هو في نظر العديد من الفلاسفة والعلماء الإطار الأساسي الذي يَتشكل من خلاله وعينا بذواتنا والعالم من حولنا.

الوعي البشري لا يعيش فقط اللحظة الحاضرة. بل يُدرك «الان» باعتباره نقطة وسطى بين ماضٍ نسترجعه في الذاكرة، ومستقبلٍ نتوقعه أو نخطط له. وهذا التسلسل الزمني الذي نحياه الماضي، الحاضر، المستقبل ليس بالضرورة انعكاسًا دقيقًا لحقيقة فيزيائية خارجية، بل هو بناء داخلي يعيد الدماغ تشكيله باستمرار.

علماء الأعصاب اليوم يُقرّون بأن الدماغ لا «يقرأ» الزمن كما هو، بل يعيد ترتيب الأحداث وفقًا لسياقها العاطفي والمعرفي، لخلق سردية منطقية تمنحنا شعورًا بالتدفق الزمني. بل إن بعض النظريات العصبية ترى أن الدماغ يعمل بشكل استباقي، أي أنه يتوقع الحدث قبل وقوعه بميلي ثانية، ويُدمج هذا التوقع في وعينا، وهو ما يُنتج الإحساس اللحظي بالتواصل الزمني.

هذا الفهم العميق يدعونا لإعادة التفكير: هل الزمن موجود خارج وعينا، أم أن وعينا هو من «يُقيم» الزمن؟ إذا كان وعينا هو من يرتب الأحداث، ويفصلها إلى ماضٍ وحاضر ومستقبل، فربما يكون الزمن ذاته ظاهرة وعي، لا ظاهرة كون.

أن الزمن لا يمكن فصله عن وعينا. نحن نُدرك الواقع من خلال تسلسله الزمني، ولكن هذا التسلسل كما توضّح الفيزياء الحديثة والفلسفة المعاصرة قد لا يكون صفة ثابتة في الكون، بل تحربة نابعة من وعينا نحن. إن الزمن، بهذا المعنى، ليس محرد مقياس لحركة الأشياء، بل هو نسيج من الإدراك والذاكرة والتوقع، تصنعه الذات لتفهم العالم.

عند التأمل في سؤال: «هل هناك ماضٍ ومستقبل؟ أم أن الواقع يقتصر على لحظة الان؟»، نحد أنفسنا أمام مفترق حاد بين الإدراك الحسي، والفهم الفيزيائي، والتأمل الفلسفي. هذا السؤال ليس محرد تمرين ذهني، بل بوابة

إلى إعادة تشكيل علاقتنا بالزمن، وبالوحود ذاته.

الفلسفة الوحودية وبعض التيارات المثالية ترى أن الماضي قد تلاشى، والمستقبل لم يولد بعد، و«الان» فقط هو الواقع الحقيقي. بحسب هذا المنظور، الماضي لا وحود له خارج الذاكرة، والمستقبل لا يتحاوز التوقع أو القلق الذهني، أما اللحظة الحاضرة فهي الملموس الوحيد الذي يعيشه الوعي.

لكن تيارات أخرى كالأبدية (Eternalism) ترى أن كل لحظات الزمن موحودة حميعها معًا بشكل متزامن، كما لو أن الزمن بأكمله «محمد» ويحمل في داخله الماضي والحضر والمستقبل، والوعي هو الذي يمرّ عبره كعدسة تتحرك ببطء على شريط سينمائي.

تتقاطع هذه الرؤى الفلسفية مع ما تقترحه النسبية الخاصة والعامة، حيث لم يعد الزمن فيزيائيًا خطًا مطلقًا يتحرك من الماضي إلى المستقبل، بل أصبح بُعدًا إضافيًا في نسيج «الزمكان»، يتغير بتغيّر سرعة الراصد وموقعه في محال الحاذبية.

من هنا حاءت نظرية «الكون الكتلي» (Block Universe)، التي تفترض أن الكون أشبه بكتلة رباعية الأبعاد، لا «يتدفق فيها الزمن»، بل كل لحظاته – الماضي، الحاضر، والمستقبل – موحودة دائمًا وبشكل متزامن.

لكن وعينا لا يسمح لنا بإدراك هذا الكيان الكامل، بل نختبره بلحظات حزئية متتابعة. وعليه، فإن الإحساس بتدفق الزمن ما هو إلا وهم ناتج عن طريقة عمل الوعي داخل هذا الزمكان الثابت.

ومن تقاطع الفيزياء والفلسفة تتولد مفارقة عميقة: نحن نعتقد أننا نعيش الزمن، بينما في الحقيقة نحن نعيش «تحربة» صنعها وعينا من وهم الانفصال بين لحظة وأخرى. الزمن إذًا، ليس إلا وهمًا مدروسًا، خدعة كونية

ساعدتنا على ترتيب وجودنا — لكنه ليس وجودًا بحد ذاته. وهنا يتجلى لبّ فكرة هذا الكتاب: ما نعيشه ليس الواقع، بل انعكاسه داخل وعينا «وهم». وهل يمكن للوهم أن يكون أكثر إتقانًا من هذا؟ لعل أعظم أسرار الكون تكمن لا في القوانين، بل في أوهامنا عنها.

الفارق الجوهري هنا أن الفيزياء لا تقول إن الزمن «غير موجود»، بل تقول إنه لا يُختبر كما نعتقد.

ما نراه كتسلسل زمني، هو تركيب داخلي يقوم به الدماغ. فالدماغ لا يكتفي برصد الأحداث، بل يرتبها، ويتوقّع القادمة، ويمنحها معنًى. ومن دون هذه البنية الإدراكية، لما كان للزمن معنى، ولما كان هناك سردٌ ذاتي نستشعر عبره مرور الأيام.

من هنا تتعزز مكانة الوعي ليس كمجرد متلقٍ للزمن، بل كمشارك في تكوينه الظاهري. فالزمن الذي نحياه هو سلسلة من «لحظات الوعي»، لا من وحدات فيزيائية معزولة. وبهذا المعنى، قد يكون الوعي هو البعد الخفي الذي يحوّل الزمكان من بنية رياضية إلى تجربة وجودية.

وعندما نتكلم عن الوعي هنا، نجد ان هناك وعي فردي وايضا وعي جمعي يشكل اللحظة. رغم أننا نظن أننا نعيش داخل واقع «موضوعي»، إلا أن هذا الواقع غالبًا ما يكون انعكاسًا مزدوجًا لوعينا الفردي ومرآة الوعي الجمعي. فالوعي الفردي هو تلك البوصلة الداخلية التي تمنحنا الإحساس بالذات والتفكير والشعور، بينما الوعي الجمعي هو ذلك النسيج العميق الذي يختزن رموز المجتمع وقيمه ومخاوفه وأساطيره، ويمتد عبر الأجيال. وبين هذين الوعيين، يتكوّن «الواقع» كما نختبره لا كحقيقة مطلقة، بل كإجماع لاواعي على وهم مشترك. ما نعتقد أنه «صواب» أو «نجاح» أو «هوية»، ليس دائمًا قرارًا ذاتيًا، بل نتاج بنى ثقافية تسربت إلى وعينا منذ

الطفولة. وهنا يلتقي السؤال الفلسفي مع الطرح الفيزيائي في ميكانيكا الكم: إذا كانت خصائص الحسيمات لا تتحدد إلا عند المراقبة، فهل نحن من نُنتج الواقع حقًا بمحرد وعينا به؟ فهل نعيش واقعًا نصنعه بوعي موروث لا ندرك حذوره؟ إن ما يبدو واقعًا ملموسًا، قد لا يكون أكثر من بناء وهمي، يتقاطع فيه ما ورثناه من الماضي مع ما نظنه أنه اختيار حر، وفي هذه المساحة المراوغة بين الذات والحماعة، تبدأ رحلة تحرير الوعي.

هنا تبرز أمثلة مثل ظاهرة مانديلا، (سُميت الظاهرة بهذا الاسم عندما لاحظت الكاتبة «فيونا بروم» أن الكثيرين، مثلها، يتذكرون أن الزعيم الحنوب إفريقي نيلسون مانديلا توفي في الثمانينيات أثناء وحوده في السحن، بينما في الواقع، توفي في عام ٢٠١٣ بعد أن أصبح رئيسًا لحنوب إفريقيا).البعض يراها محرد خطأ في الذاكرة الحماعية، لكن من منظور فلسفي أعمق، قد تمثّل دلالة على أن الماضي نفسه ليس صلبًا أو موضوعيًا، بل مرنًا، يعاد بناؤه حسب التكوين الإدراكي الحماعي.

الوعي، إذن، ليس محرد ضوء يضيء «الان»، بل هو العنصر الذي يفصل اللحظة عن السكون، ويحعل الزمان مُمكنًا كوهم ضروري للإدراك البشري. في حين أن الفيزياء الحديثة ترى أن الزمن لا يتغير، بل نحن من نتحرك فيه كمسافر في قطار لا يرى سوى نافذته.وفي هذه الثنائية، لا يعود الزمن محرد خلفية للوحود، بل يصبح تحليًا لتفاعل الوعي مع بنية الكون. فإذا كانت الحاذبية تحدد شكل الزمكان، فالوعي يحدد كيف نختبره. وفي كل لحظة «الان»، نحن لا نعيش ما هو موحود، بل ما نصنعه من المعنى والوعي به.

في عالمنا اليومي، نعيش الزمن كما لو كان نهرًا يتدفق بلا توقف من الماضي إلى المستقبل، نُحسّ بتقدمه، ونعتمد عليه في ترتيب كل ما يحدث

حولنا. غير أن هذه الصورة تنهار تمامًا عندما ننظر إلى الزمن من خلال عدسة ميكانيكا الكم. فالعالم الكمي، عالم الحسيمات الدقيقة التي تشكّل أساس الكون، يُعيد طرح الزمن كظاهرة غير مفهومة بالكامل، بل وربما غير موحودة كما نعتقد.

تُظهر تحربة الشق المزدوج (Double Slit Experiment) أن الحسيم لا يختار مساره أو حالته إلا عند مراقبته. قبل المراقبة، يعيش الحسيم في حالة «تراكب» كمومي، أي في أكثر من احتمال في لنٍ واحد. صحيح ان تحربة الشق المزدوج اظهرت تأثير المراقب في الأحداث الا ان مفاحلتها لم تتوقف. فقد اثبتت شيئا غريبا يتحاوز فهمنا الكلاسيكي للزمن.

في تطوير مذهل لتحربة الشقين، قام الفيزيائي حون ويلر في ١٩٧٨باقتراح ما يُعرف بـ تحربة «الاختيار المتأخر»، والتي تم تنفيذها لاحقًا في مختبرات متعددة كان لخرها في ٢٠٠٧ في فيينا. في هذه النسخة، يُسمح للإلكترون بأن يمر عبر الشقين دون مراقب، كما في التحربة الأصلية، ولكن يُحرى الرصد بعد أن يكون الإلكترون قد تحاوز الشقين وقبل أن يصل إلى الشاشة. المفاحأة انه إذا اخترنا أن نرصد «أي شق» عبر منه الإلكترون بعد مروره بالفعل (وليس قبل مروره كما في التحربة الأصلية) ، فإنه يتصرف كما لو أنه اختار شقًا واحدًا فقط، ويختفي نمط التداخل. أما إذا لم نرصد، فيظهر نمط التداخل الكلاسيكي.

ما يعنيه هذا بوضوح صادم هو أن الإلكترون يتصرف الان كما لو أنه «يعلم» أنك ستراقبه لاحقًا، فيعيد ترتيب ماضيه ليتماشى مع المستقبل! ببساطة، القرار الذي تتخذه في الحاضر يغيّر ما فعله الحسيم في الماضي!!! لا يعود الزمن في هذه التحربة خطًا مستقيمًا من السبب إلى النتيحة، بل يصبح نسيحًا مرنًا يتشكّل وفق مراقبة الراصد المتأخرة. في عمق هذه

التحربة، يتلاشى الفاصل بين الزمان والمكان، بين الماضي والحاضر، وتظهر الفيزياء وكأنها تهمس: الواقع ليس فقط غير ثابت... بل قابل لإعادة التأليف و ان الماضي قابل للتغيير وكأنه لم يكن.

بهذا المعنى، يكون الزمن أقرب إلى منتَج للوعي منه إلى خاصية حقيقية للكون. فالواقع الكمومي لا يفرض «تسلسلًا زمنيًا»، بل يُبقي كل الاحتمالات مفتوحة إلى أن يتدخل الراصد – نحن – ليحعل الاحتمال حقيقة، واللحظة «الان». كما ان خط الزمن ليس خطا من الماضي الي الحاضر الي المستقبل بل قد يلتوي ويعيد تشكيل الماضي. اصبح الزمن الذي كان كان دليلا على الواقع الحقيقي الموضوعي هو بذاته ليس حقيقيا و ليس موضوعيا. الاحساس به ذاتيا ومختلفا على حسب تحربتنا والوعي هو ما يحعل للزمن قيمة في تحربتنا.

المراجع

Barbour, J. (1999). *The End of Time: The Next Revolution in Our Understanding of the Universe*. Oxford University Press.

Buonomano, D. (2017). *Your Brain Is a Time Machine: The Neuroscience and Physics of Time*. W.W. Norton & Company.

Callender, C. (2008). *The Common Now: How the Flow of Time Appears to Arise from Physics and Neuroscience*. Philosophy of Science, 75(5), 446–455.

Craig, W. L. (2001). *Time and the Metaphysics of Relativity*. Dordrecht: Kluwer Academic Publishers.

Eagleman, D. (2009). *Brain Time: The Temporal Dimension of Consciousness*. The New York Times / Academic Presentations.

Greene, B. (2004). *The Fabric of the Cosmos: Space, Time, and the Texture of Reality*. Vintage Books.

Le Poidevin, R. (2003). *The Images of Time: An Essay on Temporal Representation*. Oxford University Press.

Price, H. (1996). *Time's Arrow and Archimedes' Point: New Directions for the Physics of Time*. Oxford University Press.

Rocca, O. (2024). *The Echo of Faust: Reconciling East and West in a New Time*. SSRN Working Paper.

Rovelli, C. (2018). *The Order of Time*. Riverhead Books.

بين الوحود واللاشيء: قراءة في فيزياء الفراغ

إذا كانت فيزياء الكم قد كشفت أن الواقع ليس شيئًا موضوعيًا ثابتًا، بل يتشكّل فقط عند التفاعل مع الراصد، فإننا لا نعيش في كون «حاهز»، بل في نسيج من الاحتمالات، ينتظر وعينا ليتحلّى في صورةٍ ما. في الفصول السابقة، رأينا كيف أن المادة لا توحد بذاتها، بل تولد لحظة الرصد، وأن الحقيقة لا تأتي من الخارج بقدر ما تُخلق من العلاقة بين الذات والعالم وان الزمن نسبيا وليس مطلقا. ومع كل خطوة في هذا المسار، نحد أنفسنا نبتعد أكثر عن النموذج التقليدي للكون ككتلة صلبة، ونقترب من سؤال أكثر وحودية: إذا لم يكن الواقع موضوعيًا، فهل يوحد شيء اسمه «وحود»؟ وهل العدم هو نقيضه، أم وحهه الاخر؟

في هذا الفصل، نغوص في المفارقة الكبرى: أن «العدم» كما تصفه الفيزياء الحديثة – وخاصة في سياق الفراغ الكمومي – ليس خواءً، بل بحرٌ نابض بالإمكانات. سنتساءل: هل العدم هو البداية الحقيقية لكل شيء؟ وهل يمكن للعدم أن يكون أكثر امتلاءً من الوحود ذاته؟ هنا، تبدأ فيزياء الوحود والعدم لا كمعادلات فقط، بل كتحربة فكرية تمزج بين العلم والفلسفة، بين الخلق والفناء، بين النور والظلام و بين الوحود والعدم. واقعنا لم يعد يقينًا، بل لغزًا... والعدم لم يعد نفيًا، بل احتمالًا أوليًا لكل شيء.

في هذا الفصل، سنحاول أن نتأمل «اللاوحود» . لا بوصفه حالة سلبية، بل عنصرًا بنّاءً في تركيبة الواقع. سننظر في كيف فسرت الفيزياء ما هو الفراغ، وكيف رفضت أن يكون محرد غياب. وسنقرأ مع الفلاسفة فكرة العدم كحدّ يفصل بين الإدراك واللامعقول. ثم سنسأل: هل الوحود كما نحسه هو الحقيقة؟ أم محرد وهم متحسد، فوق بساطٍ من اللاشيء؟

تمامًا كما تُبنى الألحان على الفراغات بين النغمات، وكما نُدرك الشكل من المساحة البيضاء بين السطور، ربما نحتاج أن نفهم «ما ليس موحود»، حتى نُعيد فهم «ما هو موحود».

عندما نُفكر في «الفراغ»، نميل إلى تخيّله كمساحة ساكنة خالية من كل شيء، كصمتٍ مطبق بين المجرات أو كغرفة أُفرغ منها كل شيء. لكن الفيزياء الحديثة، وتحديدًا ميكانيكا الكم، تُخبرنا بأن هذا الفراغ ليس خاليًا أبدًا. بل هو مشهد نابض بالحياة فقط من نوع مختلف. «الفراغ الكمومي» هو فضاء تملؤه الطاقة، بل ويتولد منه الوحود ذاته على هيئة ومضات تظهر وتختفي أسرع من أن ترصدها أعيننا. هو الحيّز الذي تندلع فيه الحسيمات الافتراضية من العدم وتعود إليه، في رقصة عشوائية لا تنتهي.

تُظهر المعادلات الفيزيائية أن هذا الفراغ يحتوي على طاقة تُسمى «طاقة النقطة الصفرية» (Zero-Point Energy). وهي طاقة كامنة لا تختفي حتى في أبرد الحالات الممكنة، أي في درحة حرارة الصفر المطلق. هذه الطاقة الغامضة لا تظهر في حياتنا اليومية، لكنها تمثل أساساً لما نعرفه عن الظواهر الكونية، مثل «الطاقة المظلمة» التي تدفع الكون إلى التوسع المتسارع. بل إن بعض التفسيرات ترى أن «الفراغ الكمي» هو أصل كل شيء فالحسيمات، والمحالات، وحتى قوانين الفيزياء نفسها، قد تكون انبثقت من هذا الصخب الذي يختبئ خلف ستار اللاشيء.

ما يعنيه ذلك فلسفيًا، أن «اللاوحود» كما كنا نفهمه لم يعد خيارًا. لا توحد لحظة سكون مطلق، ولا وحود فارغ تمامًا. حتى أكثر الأماكن ظلمة وفراغًا، تعجّ بالأحداث والاحتمالات. هنا، تتداخل الفيزياء مع التأمل الوحودي: الفراغ ليس غيابًا بل أساسًا لكل حضور؛ ليس سكونًا، بل رقصًا خفيًا لا يُرى. وفي عمق هذا الإدراك، تتغير رؤيتنا للواقع نفسه — لم نعد نعيش فوق خشبة مسرح حامدة، بل في نسيجٍ نابض تُعيد احتمالاته تشكيل الواقع باستمرار.

في عمق هذا الطرح، تبدأ الحدود بين الفيزياء والفلسفة في التلاشي. لم يعد سؤال «كيف يمكن لشيء أن ينبثق من لا شيء؟» محرد تأمل ميتافيزيقي، بل أصبح تحديًا حقيقيًا للفيزياء ذاتها. فعندما تشير نظرية الكم إلى أن الفراغ قادر على إنتاج حسيمات افتراضية، وعندما يُنظر إلى «اللاشيء» بوصفه مساحة ديناميكية مليئة بالطاقة الكامنة، لا يعود السؤال عن الخلق من العدم مستغربًا كما كان. لكننا هنا لا نتحدث عن «عدمٍ مطلق» بقدر ما نتحدث عن «خلفية خفيّة» للوحود فراغ مشحون بإمكانات فيزيائية، خاضعة لقوانين صارمة.

وهنا يتقاطع هذا التصوّر مع أحد أعمق المبادئ في الفيزياء: «الطاقة لا تُفنى ولا تُستحدث من العدم، وإنما تتحول من شكل إلى لخر». فإذا كانت الطاقة لا تنشأ من العدم، فكيف يمكن أن ينبثق شيء من الفراغ؟ الحواب الكمي هو أن ما نظنه عدماً هو في الواقع حقل من الاضطرابات الخفية الكامنة، طاقة صافية تتحول، تتذبذب، وتنتج ظواهر نراها كحسيمات. وهكذا يصبح «الخلق من العدم» عملية تحويل لا اختراع. يصبح «العدم» شكلاً لخر من الوحود، تمويهاً للطاقة في أبسط حالاتها وأكثرها غموضاً.

في هذا السياق، لم تعد فكرة «الخلق من لا شيء» تنتمي حصرياً

إلى النصوص الدينية أو التأملات الفلسفية، بل أصبحت جزءاً من الحقل العلمي نفسه — معادلة تعبر عن خلق مشروط لا مطلق، عن ظهور نابع من احتمالات، لا من فراغ ميتافيزيقي. الفيزياء هنا لا تُنكر السحر، بل تعيد ترجمته بلغة المعادلات.

الميكانيكا الكمومية لا ترى في الفراغ نفيًا للوجود، بل تراه مستودع الإمكان. كل الاحتمالات، كل الأكوان الممكنة، تتقافز داخله على هيئة ومضات غير مرئية. إنه ليس عدماً، بل نقيض العدم: وفرة غير مرئية من الطاقة، تختبئ في صمتٍ شديد الكثافة. وكأن العدم لم يكن يومًا خاليًا، بل مكتظًا بما لم يُولد بعد.

هذا يضعنا أمام معضلة فلسفية عميقة: إذا كان الفراغ يحمل في داخله القدرة على الخلق، فهل يكون هو الأصل؟ وهل يكون الوجود محض تحلٍّ عابر لفراغ أعمق وأكثر صدقًا؟ هل نعيش داخل كونٍ وُلد من نبضة فراغ؟ هل كانت شرارة الخلق مجرد تموج بسيط في نسيج الاحتمال؟

في هذا التصور، يصبح «الفراغ» نفسه بطل الرواية الكونية. ليس كخلفية خاملة للأحداث، بل كعنصر خلاق، أصل الأشياء وظلها. وربما، في لحظة ما من الزمن الكمومي، لم يكن الكون فكرة بعد... بل مجرد استعداد هائل ليكون. مجرد احتمال. ثم – في انفجار لا صوت له تَحوَّل الاستعداد إلى وجود. ومن رحم الفراغ، خرج الضوء.

مجال هيغز

عندما نسأل أنفسنا: لماذا للأشياء وزن؟ لماذا أجسامنا لا تمرّ من خلال الجدران وكأننا أشباح؟ ولماذا نشعر بثقل في الحركة أحيانًا؟ ربما لا نتوقع أن الجواب يكمن في شيء غير مرئي، يملأ كل ذرة في الكون، يُدعى «مجال هيغز».

في الفيزياء الحديثة، الكتلة و بالتالي الوزن لا يعتبر سمة «أصيلة» للحسم، بل نتيحة تفاعلها مع هذا المحال الكوني الهائل، الذي يشبه في فكرته محيطًا غير مرئي تسبح فيه الحسيمات. تخيّل أن الكون كله مملوء بمحال غير مرئي يشبه بحرًا هائلًا لا يمكننا رؤيته، لكنه موحود في كل نقطة من الفضاء. هذا هو محال هيغز. وكل حسيم (مثل الإلكترون أو الكوارك) عندما يتحرك خلال هذا المحال، يتباطأ قليلاً كما لو كان يسير في ماء غزير ونتيحة لهذا «التباطؤ»، تظهر لديه الكتلة. بمعنى لخر الحسيمات ليست «مولودة» بكتلة، بل تكتسبها من تفاعلها مع محال هيغز. تخيل نفسك انت مع ابنك تمشيان في وسط البحر من يقاومه البحر اكثر انت ام طفلك؟ بالتأكيد انت فكتلتك أكبر والمقاومة أكبر وبالتالي من هذا المنظور في محال هيغز كلما زادت مقاومة الحقل للحسيم، زادت كتلته. الفوتون، مثلاً، لا يتفاعل مع محال هيغز، لذلك لا يمتلك كتلة. بينما الإلكترون يتفاعل بدرحة متوسطة، فيكتسب كتلة محددة. وكأن الكتلة ليست خاصية أصيلة في ذات الحسيم، بل نتيحة لعلاقته و تفاعله بشيء لخر لا نراه ولا نلمسه. هذه الفكرة تقلب فهمنا التقليدي للوحود: فليست الصلابة أو الثقل حوهريين اصيلين في الحسم بل يكتسبها الحسم من تفاعله مع ماحوله وكأن الكتله نتيحة لهذا التفاعل مع شيئ غير مرئي.

لا يعود السؤال «ما الشيء؟» بل «كيف يتفاعل؟». وهنا تتماهى الفيزياء مع الفلسفة المثالية: الأشياء لا تكون إلا بقدر ما تتفاعل. الواقع ليس ما هو، بل ما يبدو عليه من خلال علاقاته.

كأن الوحود المادي ليس أكثر من ظلٍّ لطاقة خفية، تُعطي للأشياء حضورها الملموس. وهنا تتدخل الفلسفة لتسأل: إذا كانت الكتلة وهي ما يُميز الشيء ويُثبّته في الواقع ليست سوى تأثير لعلاقة غير منظورة، فهل

يمكننا القول إن الواقع الذي نعيشه هو «في جوهره» مجرد تجربة؟ وأن ما نظنه «ماهيات صلبة» ما هي إلا نتائج لمعادلات و تفاعلات ؟ أليس هذا أقرب ما يكون لفكرة أفلاطون عن العالم الحسي بوصفه انعكاسًا لعالم لخر لا يُرى؟

بهذا المعنى، يصبح الفرق بين الإنسان كجسد مادي، والإنسان كتجربة واعية، أقرب مما نتصور. فربما لا يكون الواقع هو «ما هو موجود هناك»، بل هو «ما يحدث عند تفاعلنا مع ما لا نراه». الفيزياء، حين تصل إلى هذا الحد من التجريد، لا تعود فقط علماً عن المادة، بل تنزلق نحو الحقل الذي لطالما شغل الفلاسفة: ما الذي يجعل «الشيء» شيئًا؟ وما الذي يجعلنا «نحن» ما نحن عليه؟

وفي هذا الانصهار بين المعادلات والحدس الفلسفي، لا تعود الفيزياء والفلسفة مجالين منفصلين، بل تصبحان لغتين تحكيان القصة نفسها: قصة الوجود، بلغة الضوء والمادة من جهة، وبكلمات المعنى والوعي من جهة أخرى.

القانون الأول للديناميكا الحرارية أن الطاقة لا تُفنى ولا تُستحدث من العدم يتحدى بعمق مفهوم «البداية من لا شيء». إذا لم تكن هناك إمكانية لنشوء طاقة من عدم، فأي «خلق» بما فيه خلق الكون يجب أن يكون إعادة تشكيل من طاقة سابقة، لا بدء مطلق. هنا، نصل إلى نقطة التقاء غريبة: الأديان والفيزياء الحديثة كلاهما يقولان إن الوجود ليس صدفة. وإن ما نظنه «عدماً» قد يكون خزان طاقة مخفي، أو ساحة كمومية تغلي بالاحتمالات. العدم، إذًا، قد لا يكون سوى وهم إدراكي، فراغ عقلي لا علمي.

السؤال القديم «ما هو الشيء؟» لم يعُد سؤالاً وجودياً فقط، بل علميًا فيزيائيا بامتياز. فحين لا يمكن تعريف الجسيم إلا من خلال ما يفعله لا

ما هو عليه يصبح الواقع نفسه قابلاً لإعادة التفكير. نحن لا نملك معرفة ماهية الحسيمات، بل معرفتنا بها «عبر تفاعلاتها». إنها تظهر حين تصطدم بشيء، وتُقاس حين تُرصد. هذا يعيدنا إلى سقراط وديكارت: الواقع ليس كما هو، بل كما نختبره. وربما ابعد من ذلك ربما ما نسميه «أنا» ما هو إلا تأثير ناتج عن تفاعلات مع سياق كوني أوسع. ال» أنا» قد تكون ناتحة عن الواقع الذاتي فقط وما يشكلها من تفاعلات معه. الفيزياء هنا ليست ضد الفلسفة، بل تتكلم بلغتها الحديدة.

إذا كان الفراغ ليس خاليًا، وإن الحسيمات لا تُعرف بذاتها بل بتأثيرها، وإن الطاقة لا تُفنى، وإن الواقع يتكوّن لحظة التفاعل، فما الذي نملكه من «الحقيقة» اذا؟ قد تكون الإحابة: لا شيء.... ان ما نعرفه هو شبكة من الاحتمالات التي تتحلى بظهورنا كمراقبين. وهذا يعيدنا لتحربة الشق المزدوج في ميكانيكا الكم، حيث محرد الملاحظة يغيّر سلوك الحسيم. الكون لا يكشف حقيقته إلا عندما ننظر اليه. وهنا نكتشف: ما نظنه «يقينًا» ليس إلا نتاحًا للعلاقة بيننا وبين ذلك اللامرئي. هذا ليس استسلامًا للوهم، بل اعتراف بأن الواقع نفسه، كما يقول الفيلسوف «كارل بوبر»، هو بناء منهحي منسحم مع وعينا أكثر من كونه حقيقة قائمة بذاتها.

في كل ما قيل عن الفراغ، يبدو أننا لا نقف أمام «لا شيء»، بل أمام أعظم المفارقات في الفيزياء: ذلك الذي كنا نظنه خواءً، اتضح أنه مكتظّ بالاحتمال. الفراغ ليس غيابًا، بل حضور خفي، نسيج نابض بالاحتمالات الدقيقة والتموحات الطاقية المتحددة. في عالم ميكانيكا الكم، لا وحود لصمت مطلق؛ كل نقطة في هذا «اللاشيء» تفيض بنبض كمومي، تنتظر فقط لحظة الانفحار نحو الوحود.

ولعل المثال الأعظم على هذه المفارقة، هو ما حدث في لحظات

التضخم الكوني المبكر: تلك الفترة العجيبة التي تمدد فيها الكون بأضعاف هائلة خلال جزء من تريليون جزء من الثانية. هناك، في خضم تقلبات كمومية شبه معدومة في نسيج الفراغ، وُلد كل ما نراه اليوم من مجرات ونجوم وأرض وحياة. إن كل تفصيلة في وجودك من جزيء الهواء الذي تتنفسه إلى الوعي الذي يتأمل هذه الكلمات ربما تعود أصوله إلى ذبذبة في فراغ لا يُرى.

الفراغ، إذًا، ليس نقيض الوجود، بل تمهيده. ولعل السؤال الذي يطرحه العقل المثقف اليوم لم يعد «من أين جاء كل شيء؟»، بل: كيف ظلّ الفراغ «العدم» يخفي هذا الكم من الوجود.

المراجع

Aguirre, A., & Tegmark, M. (2011). *Born in an Infinite Universe: A Cosmological Interpretation of Quantum Mechanics.* Physical Review D, 84(10), 105002.

Allday, J. (2009). *Quarks, Leptons and the Big Bang: A Guide to Particle Physics and the Universe (2nd ed.).* CRC Press.

Bassi, A., Lochan, K., Satin, S., Singh, T. P., & Ulbricht, H. (2013). *Models of Wave-Function Collapse, Underlying Theories, and Experimental Tests.* Reviews of Modern Physics, 85(2), 471.

Carroll, S. (2010). *From Eternity to Here: The Quest for the Ultimate Theory of Time.* Dutton Press.

Fan, C., & Dulin, D. M. N. (2024). *How the View of Space-Time is Unified: Are Vacuum and Space Two Separate Things?* In *No Question, No Answer – Part I.* ResearchGate.

Guth, A. H. (1981). *Inflationary Universe: A Possible Solution to the Horizon and Flatness Problems.* Physical Review D, 23(2), 347–356.

Higgs, P. W. (1964). *Broken Symmetries and the Masses of Gauge Bosons.* Physical Review Letters, 13(16), 508–509.

Krauss, L. M. (2012). *A Universe from Nothing: Why There Is Something Rather Than Nothing.* Free Press.

Padmanabhan, T. (2005). *Understanding Our Universe: Current Status and Open Issues.* Current Science, 89(12), 2180–2192.

Rugh, S. E., & Zinkernagel, H. (2002). *The Quantum Vacuum and the Cosmological Constant Problem.* Studies in History and Philosophy of Modern Physics, 33(4), 663–705.

Zee, A. (2010). *Quantum Field Theory in a Nutshell (2nd ed.).* Princeton University Press.

الكون كإسقاط: بين العلم والإدراك

في رحلتنا السابقة، فككنا مكونات الواقع حجرًا حجرًا، ضوءًا وكتلة، مادةً وزمنًا، وطرحنا سؤالًا مزعجًا في عمقه: هل الواقع كما يبدو لنا؟ أم هو مجرد وهم مصقول بإتقان؟ أما وقد اتضح لنا أن الكتلة ليست جوهرًا، بل طاقة مركّزة، وأن الزمن لا يسير بالضرورة في خط مستقيم، وان الواقع لا يحدث حتى يراقب و ان الوعي محور ادارة هذا الوهم الكبير. فإننا نصل الان إلى سؤال أعقد: هل هذا الواقع أصلًا موجود كما نعتقد؟ أم أنه مجرد صورة، انعكاس، أو بالأحرى إسقاط لمصدر أعمق، مخفي في بُعد لخر؟

بعد كل الفصول السابقة اصبح علينا ان نسأل بعد كل ذلك اذا كان كل ما نعيشه وهما كبيرا وكل مكوناته غير حقيقية وغير موضوعية ترى كيف يتشكل هذه الكون بهذا الوضوح والدقة ونشعر كأنه حقيقي، ترى ما طبيعة الكون بعد كل ما غيرته الفيزياء. مالتفسير الذي تقدمه الفيزياء كتفسير لتجاربنا الحسية في هذا الكون.

بعد ما فككت الفيزياء مكونات الواقع واثبتت ان الوعي هو مايشكل الواقع الوهمي و يدركه. وبالتالي انطلق العلماء يحاولون نفسير هذا الواقع شديد التنوع والوضوح كيف لنا ان نراه بهذا الشكل شديد الدقة والتنظيم

كيف نقتنع ان ما نعيشه و نعايشه يبدو حقيقيا رغم انه لا كينونة حقيقية له.

كان يحب ان تطرح الفرضيات والنظريات الفيزيائية او العلمية استاجبة لهذا التحول الكبير في فهم الواقع. يحب ان تطرح رؤى تفسر كيف نستشعر الكون من حولنا اذا كان وهما لا وحود له. تعددت الفرضيات التي حاولت جاهدة التفسير والتوضيح والتي سأتطرق لها في اهذا الفصل والفصول القادمة.

من هنا تنطلق نظرية الكون الهولوغرافي، إحدى أكثر الفرضيات جرأة في الفيزياء الحديثة. هذه النظرية، رغم أنها قد تبدو غريبة، مبنية على أسس رياضية صارمة، وتوفر إمكانية مثيرة لتوحيد نظريات فيزيائية كبرى مثل ميكانيكا الكم والنسبية العامة في إطار واحد.كما إنها دعوة أخرى لإعادة التفكير في مفاهيمنا عن الوحود، والوعي، والمكان. فربما، في النهاية، نكون نعيش في «ظل» لواقع أكبر مما نتصور

تخيل أنك تعيش داخل فيلم ثلاثي الأبعاد، لكن هذا الفيلم في الحقيقة ناتج عن شيفرة رقمية مخزنة على قرص مرن (CD) مسطح. هذا بالضبط ما تقترحه نظرية الكون الهولوغرافي: أن واقعنا الملموس، الذي نختبره كبُعد ثلاثي نتحرك فيه ونلمسه، قد لا يكون هو الحقيقة الكاملة، بل محرد «إسقاط» لمعلومات محفوظة على سطح ثنائي الأبعاد، تمامًا كما تبدو الصورة المحسّمة (الهولوغرام) ثلاثية الأبعاد بينما مصدرها الحقيقي ثنائي. ظهرت ملامح هذه الفكرة المذهلة من خلال أبحاث فيزيائيين كبار مثل ستيفن هوكينغ ويعقوب بيكينشتاين في سبعينيات القرن الماضي، خلال محاولاتهم لفهم سلوك الثقوب السوداء. حينها لاحظوا ظاهرة محيرة: الإنتروبيا (أي عدد المعلومات الممكن تخزينها في حسم معين) داخل الثقب

الأسود لا تتناسب مع حجمه، كما توقعوا، بل مع مساحة سطحه الخارجي فقط، أي ما يُعرف بـ»أفق الحدث». وكأن كل ما يحدث داخل الثقب يمكن تلخيصه ببيانات محفوظة على سطحه.

هذا الاكتشاف الغريب قاد إلى سؤال عميق:

هل يمكن أن يكون ما بداخل أي نظام فيزيائي ليس إلا نتيجة للمعلومات الموجودة على «سطحه» فقط؟

الإجابة بدأت تتضح في التسعينيات، حين جاء الفيزيائي خوان مالداسينا باقتراح جريء سُمي لاحقًا مبدأ التوافق AdS/CFT في سياق نظرية الأوتار. هذا المبدأ يقول إنه من الممكن أن يكون هناك تماثل رياضي كامل بين فيزياء فضاء ثلاثي الأبعاد (مثل الكون الذي نعيش فيه) ونظرية كمية تجري على سطحه الثنائي الأبعاد. أي أن كل ما يحدث «داخل» الفضاء يمكن تمثيله بالكامل عبر معلومات موجودة على «حافته». ما يبدو ثلاثي الأبعاد هو في الحقيقة مشتق من شيء أبسط، وأكثر أساسية، ذو بعدين فقط. لأقرب لك الفكرة تخيل ان اللعبة الالكترونية ثلاثية الأبعاد مثل «جي تي اي» او «فورتنايت» وهي عالم ثلاثي الابعاد ولكنه في الأساس معلومات مخزنة على قرص مرن «سي دي» ثنائي الأبعاد.

لو قمنا بتعميم هذا النموذج ليشمل الكون كله، فإننا نكون أمام فكرة ثورية:

ربما نعيش في «كون هولوغرافي»، حيث الواقع الذي نختبره ليس هو الأصل، بل هو صورة معقّدة مُسقطة من معلومات محفوظة في بُعد لخر.

هذه الرؤية تفتح أبوابًا فلسفية هائلة. فإذا كان الكون برمّته مبنيًا على معلومات تُشفّر على سطح غير مرئي، فهل وعينا ذاكرتنا، أحلامنا، مشاعرنا هي أيضًا بيانات في هذا النظام؟ هل نحن نتفاعل مع «أصل» الواقع، أم أننا

نعيش داخل «واجهة» مصمّمة لتبدو حقيقية بما يكفي حتى لا نشك فيها؟ وهل يمكن أن تكون تجربتنا كلها مثل محاكاة شديدة الإتقان، فيها تفاصيل دقيقة لكنها لا تنتمي إلى أصل مادي صلب، بل إلى نظام معلوماتي أعمق من قدرتنا على الإدراك؟

من منظور فلسفي، هذه الفرضية تتقاطع مع أفكار قديمة جدًا، مثل تلك التي في الفلسفة الهندية (المايا) أو أفكار أفلاطون عن العالم المحسوس بوصفه ظلًا للعالم الحقيقي. وما كانت الميتافيزيقا القديمة تلمّح إليه بلغة الرموز، باتت الفيزياء الحديثة تقترب منه بلغة الرياضيات.

إذا كان الكون هولوغرافيًا بالفعل، فهذا يعني أن نحن نعيش تجربة ثلاثية الأبعاد، نعم، لكن جذورها قد تكون ثنائية الأبعاد، أو حتى خارج نطاق الأبعاد كما نعرفها. إننا لا نلمس «الحقيقة»، بل نتفاعل مع تمثيل ذكي لها. وتمامًا كما تنشأ صورة ثلاثية الأبعاد من شريحة صغيرة تحتوي على معلوماتها المشفّرة، قد يكون عالمنا – بأسره – ناتجًا عن بنية معلوماتية مخفية، لا تُرى، لكنها تُدرك من خلال لثارها.

فكرة «الكون الهولوغرافي» وُلدت من محاولات لفهم أحد أكثر ألغاز الفيزياء تعقيدًا: ما الذي يحدث للمعلومات التي تسقط داخل الثقب الأسود؟

الثقوب السوداء هي مناطق فائقة الكثافة في الفضاء، تجذب إليها كل شيء، حتى الضوء، ويبدو أن ما يدخلها لا يخرج أبدًا. لكن في الفيزياء، هناك مبدأ أساسي ينص على أن المعلومات لا تُفقد، مهما تغير شكل المادة أو تحللت. هذا خلق مفارقة حادة: إذا ابتلع الثقب الأسود شيئًا ما، فماذا يحدث لمعلوماته؟ هل تختفي تمامًا؟ أم تبقى محفوظة بطريقة لا نفهمها بعد؟

في السبعينيات، اكتشف العالم ستيفن هوكينغ أن الثقوب السوداء

قد تشع طاقة تدريجيًا وتتبخر ببطء وتختفي، فيما سُمي لاحقًا بإشعاع هوكينغ. لكن هذا زاد من تعقيد المسألة: إذا اختفى الثقب، فأين ذهبت المعلومات التي كانت بداخله؟ أليس هذا خرقًا لقوانين الفيزياء؟

من هنا ظهرت فكرة جريئة: ربما لا تختفي المعلومات، بل تُخزن على «سطح» الثقب الأسود – على ما يُعرف بـ «أفق الحدث»، وهو الحد الفاصل الذي لا يمكن بعده الرجوع للخلف. يشبه الأمر وجود «غلاف كوني» يسجل كل ما يدخل.

العالم ليونارد ساسكيند طوّر هذه الفكرة، وطرح تصورًا أكثر شمولًا:

ماذا لو كان الأمر لا يقتصر على الثقوب السوداء؟ ماذا لو أن الكون بأسره يعمل بنفس المبدأ؟ أي أن كل ما نراه ونعيشه داخل الكون هو مجرد «إسقاط» ثلاثي الأبعاد لمعلومات محفوظة على سطح ثنائي الأبعاد؟

هذا التصور هو جوهر ما يُعرف بـ «مبدأ الهولوغرافيا» – فكرة أن الواقع الذي نعيشه قد يكون مثل صورة هولوغرامية: ثلاثية الأبعاد في مظهرها، لكنها قادمة من بيانات مشفّرة على سطح بعيد.

في عام ٢٠١٧، أجرى علماء فيزياء من جامعة ساوثهامبتون، بالتعاون مع باحثين في إيطاليا وكندا، دراسة مثيرة اقترحوا فيها فكرة تُعرف باسم «الكون الهولوغرافي».

تقول هذه الفرضية إن كل ما نراه ونشعر به – من كواكب ونجوم وأشجار وأجسادنا نفسها – قد لا يكون موجودًا في المكان الذي نراه فيه فعليًا، بل هو مجرد «عرض ثلاثي الأبعاد» ناتج عن معلومات مخزنة في مكان آخر، وتحديدًا على «حدود» الكون.

لفهم هذه الفكرة الغريبة، تخيل قرص DVD عليه فيلم ثلاثي الأبعاد:

المشاهد التي تظهر لك على الشاشة تبدو حقيقية، ولكنها في الأصل ليست على الشاشة نفسها، بل في بيانات مشفرة على القرص الذي يشغل الفيلم. بنفس الطريقة، يقول العلماء إن الواقع الذي نراه هو «انعكاس» أو «إسقاط» لمعلومات موجودة في بعد لخر، خارج لا يمكننا رؤيته أو لمسه.

وهذا يشبه تمامًا تقنية الهولوغرام: وهي صورة ثلاثية الأبعاد تنبثق من سطح ثنائي الأبعاد (قرص). الشكل يبدو وكأنه يطفو في الهواء، لكنك لو مددت يدك إليه، فلن تلمس شيئًا حقيقيًا.

ما يحعل هذه الفكرة مثيرة للانتباه هو أنها لم تأتِ فقط من خيال العلماء، بل حاءت مدعومة بمعادلات رياضية وبيانات حقيقية حمعتها الأقمار الصناعية، خصوصًا «تلسكوب بلانك» الذي درس الخلفية الكونية للكون.

إذا كانت هذه الفرضية صحيحة، فإن كل ما نعتقد أنه «مادي» أو «ثابت» قد لا يكون حقيقيًا كما نظن بل صورة ثلاثية الأبعاد شديدة الوضوح.

الزمن، الطاقة، والمكان نفسه... قد تكون محرد أحزاء من عرض هولوغرافي هائل، نشعر به كما لو كان واقعًا ملموسًا. نحن نعيش في «العرض» فقط لا في الأصل.

ثم حاء دور نظرية الأوتار، التي تقول إن الكون يمكن أن يكون مكونًا من «أوتار» صغيرة تهتز. في عام ١٩٩٧، اقترح عالم لخر اسمه خوان مالداسينا أن هناك تطابقًا بين الكون الذي نعيش فيه والكون الذي يوحد على سطح الثقب الأسود، وكأننا نعيش في «إسقاط» ثلاثي الأبعاد لمعلومات موجودة في بُعد أقل.

هذه الفكرة تعني أن الواقع الذي نراه قد يكون محرد صورة أو انعكاس لشيء مخزن في مكان لخر. رغم أن هذه النظرية لا تزال قيد الدراسة، إلا

أنها تغير تمامًا كيف نفهم الكون وحجمه.

ماكس تيحمارك فيزيائي امريكي كتب كتاب اسماه « كوننا الرياضي» هذا الكتاب يأتي بفكرة تعزز مفهوم الكون الوهمي كاسقاط. يقول تيحمارك في كتابه ان الكون الذي نعيش فيه لا يمكن قياسه بالمعادلات الرياضية فهي لا تعبر عنه لانه في حقيقته قائم على الرياضيات. مثلما اللون الازرق هو ليس ازرق هو تردد موجة طولية معين (رقم)،ولكن هذا الرقم يترحمه العقل والادراك الي لون ازرق، الكون عبارة عن معادلات وارقام و لكننا ندركه و كأنه كون ثلاثي الابعاد قائم أمامنا. مثلما صورة التلفزيون الذي أمامك هي ليست صورة قائمة بذاتها هي ترددات و موجات (ارقام) يترحمها التلفاز الى صورة أمامك، وكذلك هذا الكون الكبير هو في حد ذاتة محموعة معادلات معقدة كثيرة مخزنة يترحمها مخك كما يترحم التلفزيون موجات البث التلفزيوني و يحولها لصورة ولكن مخك يحولها لصورة ليست في بعدين فقط او ٣ ابعاد بل أكثر ويعيش في ابعاد هذه الصورة.

لأوضحها لك أكثر تخيل انك تعيش في لعبة فورتنايت الالكترونية الشهيرة وانت المحارب فيها، البيت الذي تقتحمه هو حقيقي بالنسبة لك و السلاح الذي تحمله والعدو الذي تواحهه والمعارك التي تخضوها و اللاعبين الاخرين الذين يدخلون حيزك الافتراضي انت تتفاعل مع كل ذلك وتحارب و تقتحم وكل ذلك بني فقط على رموز و كودات و معادلات رياضية بحتة صممت بها اللعبة شكلت لك هذا العالم الافتراضي ثلاثي الابعاد كل ذلك وانت لا تعلم ان عالم الفورتنايت الافتراضي هو معادلات رياضية بحته تعبر عنه و تراها صورة فائقة الحودة والدقة. عندما تشتري القرص المرن للعبة انت لا تشتري منزلا او حديقة انت تشتري محموعة كودات ومعادلات موحودة على قرص مرن بمحرد وضعك هذا القرص في لعبة البلاي ستيشن

تتحول المعادلات لعالم متكامل من الشوارع والمباني والبشر. و لو أضفنا بعدا لخرا للفورتنايت والتي صنعت باكواد و معادلات رياضية لحعلتك ترى و تسمع و تتفاعل في اللعبة لنتخيل ان تم تطوير الفورتنايت واصبحت اللعبة هولوغرام و انت تدخل داخلها. سترى الواقع حولك ٣٦٠ درجة سترى المنزل والحديقة والعدو ماثلا امامك و ستشعر به و ستحري عنه وستدافع عن نفسك و تقفز من أعلى مبنى و لكنك لا تعلم ان العالم الذي انت فيه تحكمه و تحركه لغة برمجة ومعادلات رياضية معادلات رياضية ليس الا. ماكس تيحمارك يعتقد ان العالم بهذا الشكل محموعة معادلات رياضية يترحمها عقلنا فيحولها لعالم ثلاثي الابعاد نعيش نحن فيه. لا وحود للواقع حولنا نحن فقط نشعر به بعد ان ترحمه عقلنا فنعتقد انه الحقيقة و لكنه ليس الحقيقة انه فقط معادلات رياضية بحتة.

ما قدمه تيحمارك في كتابه يدعم فكرة ان الكون اسقاط وليست حقيقة قائمة بذاتها.

وإذا أخذنا هذا الطرح خطوة أبعد، يصبح السؤال: هل وعينا أيضًا محرد إسقاط؟ هل التحربة الذاتية التي نعيشها هي انعكاس لمصدر معلوماتي خارحي؟ هذا يقودنا إلى أفكار ماكس تيغمارك عن الوعي الرياضي. حيث يقترح أن الوعي ليس ناتحًا فقط عن الدماغ، بل نتيحة تفاعل معلوماتي رياضي في بُنية أعمق من الكون.

وما يثير الاهتمام أكثر، هو التشابه اللافت بين هذه التصورات والنظريات القديمة في الفلسفة الشرقية، كذلك، في التصوف الإسلامي، نحد فكرة أن العالم ليس إلا «ظلاً» للحقيقة الإلهية، وأن الوعي الروحي هو محاولة للاتصال بالأصل، لا بالاكتفاء بالصور.

بهذا المعنى، نحد أن الفيزياء الحديثة والفكر الروحي العميق يلتقيان

في نقطة جوهرية: ما نراه ليس كل ما هو موجود. العالم كما ندركه ليس نهاية الواقع، بل مجرد واجهة لحقيقة ما، قد نحتاج إلى أدوات جديدة عقلية وروحية لكشف ما وراءها.

نظرية الكون الهولوغرافي تعيد صياغة مفاهيم الزمان والمكان من جذورها، وتقدّم رؤية تتجاوز إدراكنا التقليدي لهما. في الفهم الكلاسيكي، نعيش في عالم ثلاثي الأبعاد (الطول، العرض، الارتفاع) يتحرك فيه الزمن في خط مستقيم، من الماضي إلى المستقبل، بشكل خطي وواضح. لكن هذا التصور قد لا يكون سوى تبسيط مريح لواقع أعقد بكثير.

إذا صحّ هذا النموذج، فإن الزمان والمكان لا يكونان أساسًا ثابتًا للواقع، بل واجهتين من تجربة معلوماتية. الزمان في هذه الحالة لا يسير في خط مستقيم بل قد يكون وهمًا إدراكيًا ناتجًا عن تتابع المعلومات، بينما المكان لا يُعبّر بالضرورة عن عمق فيزيائي بل عن تموضع رقمي في سطح أكثر جوهرية.

من هذا المنظور، يصبح الزمان والمكان جزءًا من «لغة العرض» التي يستخدمها وعينا لفهم الواقع، وليسا جوهرًا أصليًا للوجود. وهكذا، فإن الحقيقة الأساسية قد تكون مجرد حقل معلوماتي ثنائي الأبعاد، ونحن ببساطة نعيش في صورته المجسدة.

إذا أخذنا بنظر الاعتبار مفاهيم مثل الكون الهولوغرافي أو بعض فرضيات الفيزياء الحديثة، فإن الواقع الذي نعيشه قد يكون، في جوهره، أقل «حقيقية» مما نعتقد. هذه الفكرة لا تعني أن الواقع غير موجود، بل تشير إلى أن ما نختبره بالحواس من مكان وزمان ومادة قد لا يكون هو الحقيقة النهائية، بل تمثيلًا أو إسقاطًا لواقع أعمق، غير مرئي، وأكثر تجريدًا.

من هذا المنظور، فإن التجربة الحسية ليست دليلًا قاطعًا على

«الحقيقة»، بل قد تكون محرد واجهة نراها، مثل صورة ثلاثية الأبعاد تُعرض على شاشة ثنائية الأبعاد. تمامًا كما أن الصورة لا تمثّل العمق الفعلي لما يحري خلفها، قد تكون هذه الحياة التي نعيشها محرد انعكاس لمستوى لخر من الواقع، أعمق وأبسط في لنٍ واحد.

إذا كان وعينا محرد إسقاط، فقد يكون في الوقت ذاته أيضًا بوابة للاتصال بـ «الوعي الكوني»، ذلك الحقل اللامرئي الذي تتصل به كل الكائنات، والذي قد يحمل «الذاكرة الكبرى» أو «الشيفرة الأصلية» للوحود. ومن هذا المنظور، لا يعود الوعي محرد أداة للإدراك، بل يصبح هو «الوحود ذاته» في صورته الأعلى. وانك لا تعيش الكون فقط بل انت اساس الكون ومحوره.

المراجع

Afshordi, N., Magueijo, J., & Skordis, C. (2017). *Evidence for a Holographic Cosmology*. Physical Review Letters, 118(4), 041301.

Bostrom, N. (2003). *Are You Living in a Computer Simulation?* Philosophical Quarterly, 53(211), 243–255.

Bousso, R. (2002). *The Holographic Principle*. Reviews of Modern Physics, 74(3), 825.

Hawking, S. W. (2005). *Information Preservation and Weather Forecasting for Black Holes*. Physical Review D, 72(8), 084013.

Maldacena, J. (1998). *The Large N Limit of Superconformal Field Theories and Supergravity*. Advances in Theoretical and Mathematical Physics, 2(2), 231–252.

Ryu, S., & Takayanagi, T. (2006). *Holography and Entanglement*. Physical Review Letters, 96(18), 181602.

Susskind, L. (1994). *The World as a Hologram*. Journal of Mathematical Physics, 36(11), 6377.

Susskind, L. (1995). *Black Hole Entropy and the Holographic Principle*. Journal of Mathematical Physics, 36(11), 6377–6396.

Swingle, B. (2012). *Entanglement Renormalization and Holography*. arXiv preprint arXiv:1209.3304.

Tegmark, M. (2008). *The Mathematical Universe*. Foundations of Physics, 38(2), 101–150.

Van Raamsdonk, M. (2010). *Building up Spacetime with Quantum Entanglement*. General Relativity and Gravitation, 42(10), 2323–2329.

Zaanen, J., Liu, H., Sun, Y.-W., & Schalm, K. (2015). *Holographic Quantum Matter*. Cambridge University Press

الواقع المصمَّم: بين محاكاة الوعي وحدود الحقيقة

عندما تنكسر البديهيات العلمية أمام أسئلة لم تعد فيزيائية فقط، بل وحودية، تظهر فرضيات تشبه الحلم أو ربما الكابوس. «فرضية الكون المحاكى» هي واحدة من هذه الفرضيات، والتي تحمع بين معادلات الكم، ورموز البرمحة، وتأملات سقراط. هل الكون الذي نعيش فيه حقيقي؟ أم محرّد واحهة رسومية لواقع أعقد، لا يمكن للعقل البشري اختراق حوهره؟ هل وعينا هو من يخلق هذا الواقع أم أنه يُخدع به؟ هذا الفصل يتابع ما بدأناه في الفصول السابقة، ويأخذنا إلى قلب سؤال مربك: ماذا لو كان الواقع نفسه ليس واقعًا؟

فرضية «الكون المحاكى» ليست وليدة عصر التقنية، بل لها حذور عميقة في التأملات الفلسفية القديمة. عندما طرح أفلاطون أسطورته عن الكهف، كان يلمّح إلى فكرة مفادها أن الإنسان قد يعيش وهمًا محكم الصنع دون أن يعلم انه في هذا الكهف، و لا يرى سوى ظلالًا على الحدار، ويظنها الحقيقة.

في ٢٠٠٣ قدم نِك بوستروم نظريته حول «الواقع المحاكى» وهي ليست محرد فرضية خيالية، بل طرح فلسفي مبني على منطق احتمالي

عميق. طرح بوستروم ثلاث احتمالات، وادّعى أنه لا يمكن أن يكون أكثر من واحد منها خاطئ. إما أن الحضارات التكنولوجية تنقرض قبل أن تتمكن من إنشاء محاكاة لأسلافها. أو أن الحضارات المتقدمة التي تصل إلى هذه المرحلة تختار عدم القيام بالمحاكاة. أو أن عدد المحاكيات التي يتم إنشاؤها هائل من قبل حضارات متقدمة حدا ، بحيث يُصبح احتمال وحودنا داخل واحدة منها أكبر بكثير من احتمال وحودنا في «الواقع الأصلي».

الاحتمال الثالث هو الأكثر استفزازًا للعقل: فهو يتخيل حسب طرحه ان العلم تطور تطورا هائلا و تمكنت الحضارات في المستقبل ان تنشأ محاكيات للماضي و تتحكم فيه ونحن الان نعيش داخل هذه المحاكيات و يتم التحكم بنا من الأنظمة المتطورة في المستقبل. إذا كان ممكنًا من الناحية التقنية، وكانت هناك حضارات متقدمة بما يكفي لخلق عوالم رقمية مكتملة بالوعي والتحربة، فلماذا لا يكون واقعنا الحالي أحد هذه العوالم؟ تمامًا كما يمكننا اليوم محاكاة حياة بسيطة على الحاسوب، فمستقبلاً، قد تُحاكي حضارات و عقولًا بشرية كاملة داخل بيئات رقمية يصعب التمييز بينها وبين الواقع.

بوستروم لا يقول إننا نعيش بالضرورة في محاكاة، بل يلفت نظرنا إلى هشاشة افتراضاتنا حول «الواقع». فلو صحّت نظريته، فإن كل شيء من الذرات إلى الوعي ليس إلا نتيجة كود معلوماتي داخل نظام أعظم. وهي فكرة تقلب الفلسفة والفيزياء رأسًا على عقب: الواقع قد لا يكون حقيقيًا كما نظن، بل مُصمَّم، مبرمج، وربما مراقَب.

نظرية «الواقع المحاكى» التي قدّمها نِك بوستروم تقوم على فرضية فلسفية مدهشة، تقول إن ما نعتقد أنه «الواقع الحقيقي» قد لا يكون سوى محاكاة رقمية معقدة صمّمتها حضارة فائقة الذكاء والتطور. فبدلًا من أن

نكون كائنات مادية في كون مادي، نحن بحسب هذه طرحه عقولٌ واعية تعيش داخل برنامج حاسوبي ضخم يحاكي العالم بدقة مذهلة، لدرجة أننا لا نشك في زيفه.

وهنا يظهر دور الذكاء الاصطناعي كعامل أساسي في حعل هذه النظرية أقرب إلى الواقع. فالذكاء الاصطناعي اليوم يخطو خطوات حبارة في محاكاة السلوك البشري، كالإدراك، والتفكير. أنظمة قادرة على توليد صور وأصوات ونصوص لا يمكن تمييزها عن الحقيقة. ألعاب الفيديو أصبحت عوالم مفتوحة، يعيش فيها اللاعبون تحارب ذات طابع شخصي. الذكاء الاصطناعي لا يصنع فقط ردودًا ميكانيكية، بل يُحاكي الوعي في صورته البدائية.

ومع تقدم «التعلّم العميق»، وظهور أنظمة قادرة على تحسين ذاتها باستمرار، يصبح من المنطقي أن نتخيل مستقبلًا تُبنى فيه محاكاة تحاكي حياة الإنسان بالكامل ليست محرد بيئة، بل وعي، وماضي، ومشاعر، وتاريخ. إذا كان الذكاء الاصطناعي يستطيع أن «يفكر» و»يتعلّم» و»يتذكّر»، فلماذا لا يستطيع أن «يخلق واقعًا» بالكامل؟

إذن، الذكاء الاصطناعي ليس فقط أداة داخل هذه النظرية، بل هو الحسر الذي يحعلها قابلة للتصديق علميًا وفلسفيًا. فبينما كانت الفكرة في الماضي ضربًا من الخيال الفلسفي، أصبح اليوم ممكناً أن نسأل بحدية: هل نحن نعيش داخل برنامج، تُديره منظومة لا نعرف من برمحها؟ وإذا كان الأمر كذلك، فهل يمكن للوعي الذي نمتلكه أو نظنه كذلك أن يتحرر من هذه المحاكاة؟

من الملفت أن الفيزياء الحديثة، لا سيما ميكانيكا الكم، دعمت بطريقة غير مباشرة فكرة المحاكاة. فكما رأينا في تحربة الشق المزدوج، الحسيم لا

«يختار» حالته إلا لحظة الرصد. كأن الواقع لا يُبنى إلا عند الملاحظة. هذه الفكرة قريبة حدًا من للية الألعاب الإلكترونية الحديثة، التي لا ترسم كل تفاصيل العالم إلا عندما يصل اللاعب إليها، توفيرًا للموارد.

ففي الالعاب الالكترونية العالم الاصطناعي الذي تلعب فيه ليس موحودا و مستقلا بعيد عندك وقبل الوصول بل يتشكل لحظة بلوغك اياه. ففي لعبة فورتنايت او حي تي أي الشوارع ليست موحودة بشكل مستقل لكنها تتشكل مع تقدم اللاعب و تتكون لحظتها ماهو غير موحود على الشاشة الان هو غير موحود اطلاقا. وبالتالي لا يتشكل العالم الا لحظة رصدك له وبهذا، يُعاد رسم التشبيه: نحن لسنا في كون «مكتمل» طوال الوقت، بل نعيش داخل برنامج لا يُظهِر إلا ما يُطلب منه حسب الموقف. في هذه الحالة الوعي هو مفتاح تشغيل «العرض» والتقدم.

وكما أن الأحلام تبدو واقعية تمامًا لحظة وقوعها، كذلك الحياة من داخل المحاكاة تبدو ذات معنى، رغم كونها نتاج برمجي. لكن هل يعني هذا أننا داخل حلم رقمي ضخم؟ لا ندري. ما نعرفه هو أن تحاربنا الحسية ليست الدليل الكافي على وحود واقع موضوعي كما تطرقنا في الفصول السابقة. ففي ظل هذا النموذج، قد يكون كل شيء نعيشه ليس إلا «عرضًا رقميًا مدعومًا بالوعي»، لا أكثر.

ما يحعل فرضية «الكون المحاكى» مثيرة ومقلقة في لن واحد، هو أنها تتلاقى بشكل غريب مع أحد أكثر تفسيرات ميكانيكا الكم شهرة، وهو تفسير كوبنهاغن. ينص هذا التفسير على أن الحسيمات دون الذرية كالفوتونات والإلكترونات لا تتخذ وضعًا محددًا أو «واقعيًا» إلا في لحظة قياسها أو مراقبتها. قبل المراقبة، لا تكون في حالة واحدة، بل في محموعة من الحالات «المتراكبة»، حميعها محتملة.

لكن هذا يفتح الباب أمام سؤال عميق: من هو الراصد الذي يمنح الواقع شكله؟

هل مجرد وجود جهاز قياس يكفي؟ أم أن الأمر يتطلب شيئًا أكثر تعقيدًا... كالوعي البشري؟

هنا تدخل الفلسفة من أوسع أبوابها، عبر أفكار فيزيائيين بارزين مثل فون نيومان ويوجين ويغنر، الذين ألمحوا إلى أن الوعي البشري نفسه قد يكون هو العامل الحاسم في «إسقاط» التراكب الكمومي، وبالتالي تحويل الاحتمال إلى واقع. بكلمات أبسط: الواقع يتكوّن فقط عندما ننتبه له، عندما نلاحظه، وربما لا يوجد على الإطلاق إن لم نلاحظه او نرصده.

في هذا السياق، يصبح الوعي ليس مجرد أداة تراقب الحقيقة، بل القوة التي تُنتج الحقيقة. وبهذا، يتحول الواقع من كونه كيانًا خارجيًا صلبًا إلى تجربة داخلية تصنعها الذات المُدركة للواقع. ولكن، إذا أضفنا إلى هذا الطرح المذهل احتمال أن هذا الوعي ذاته ليس حقيقيًا بمعناه المطلق، بل قد يكون مبرمجًا ضمن محاكاة كونية ضخمة كما تفترض فرضية الكون المحاكى فإننا نواجه مفارقة عميقة ومزعزعة للطمأنينة:

هل نخلق الحقيقة بوعينا، أم أن وعينا نفسه مجرد «كود» خاضع لحقيقة أعقد وأعمق؟

إن الفيزياء، في هذا المستوى، لا تمنحنا أجوبة نهائية. والمفارقة أن هذا السؤال – عن حقيقة الواقع وفاعلية الوعي – لا يمكن اختباره بالكامل من داخل هذا الواقع. لأنه، إذا كنا نعيش في محاكاة، فإن أدوات القياس والعقل والتأمل التي نستخدمها لفهم الواقع، هي ذاتها جزء من المحاكاة.

وهكذا، نجد أنفسنا أمام حدود لم يعد العلم وحده كافيًا لتجاوزها.

حدود عند تقاطع الفيزياء بالفلسفة، حيث الوعي والواقع يخلقان بعضهما البعض، وحيث يصبح السؤال الحقيقي ليس: ما هو الواقع؟ بل:

من هو الراصد؟ ومن نحن؟

هل يمكن أن يكون هذا الكون – بكل حباله وبحاره وأحسامنا نفسها – ليس «شيئًا» ماديًا حقيقيًا، بل محرد معادلات رياضية؟ في محاكاة. هذه ليست فكرة من الخيال العلمي، بل هذا هو الطرحٌ الحاد الذي قدّمه الفيزيائي ماكس تيحمارك في كتابه «كوننا الرياضي». يقول تيحمارك إننا لا نعيش في كون يمكن تفسيره بالرياضيات، بل إن الكون نفسه هو رياضيات.

بمعنى لخر: الحبل الذي تراه، والماء الذي تلمسه، وحتى حسدك، كلها ليست «أشياء» مستقلة موحودة في الخارج، بل محرد تمثيلات رقمية لمعادلات رياضية شديدة التعقيد. ما تراه وتعيشه ليس الشيء «في ذاته»، بل محرد انعكاس أو مخرَج لحسابات ومعادلات رياضية تحري في عمق بنية الكون. واحساسك العميق به ناتج عن تفاعلك معه فقط مثلما تطرقنا في الفصول السابقة ان احساسنا بالكتلة ناتج عن علاقات فقط وليس كتلة فعلية.

لنفهم هذا التصوّر، يمكن أن نتخيّل لعبة إلكترونية مثل «Minecraft» أو «Fortnite». ما يظهر على الشاشة من مبانٍ وأشحار وشخصيات ليس حقيقيًا على الاطلاق، بل نتيحة لمعالحة حاسوبية لرموز وأوامر برمحية وشفرات معقدة. ومع ذلك، يبدو لنا العالم داخل اللعبة «واقعيًا» حين نندمج فيه، لأن إدراكنا يتفاعل مع الصورة دون أن يرى الشفرة خلفها.

تيحمارك يرى أننا نعيش داخل نظام مشابه ولكنه بأبعاد أكثر: ما نراه ليس إلا النتيحة البصرية والإدراكية لما يُشبه «شفرة كونية». والسبب في أننا لا نشكّ بواقعنا هو أن النظام أي الكون مصمَّم بدقة مدهشة لدرحة

تجعلنا غير قادرين على التفرقة بين «الحقيقة» و«المحاكاة».

هذه الفكرة، لو صحّت، تُغيّر نظرتنا إلى كل شيء. فالكون يصبح كأنه عرض بصري تفاعلي صُمم بلغة رياضية لا ندركها بشكل مباشر، لكننا نعيش داخلها ونُترجمها من خلال حواسنا ووعينا. هنا، لا يكون الواقع مجرد مادة، بل بنية حسابية، ونحن نعيش في واجهة استخدام ذكية للمعادلات.

قد تبدو فكرة أن العالم مجرد محاكاة رقمية شيئًا بعيدًا عن الواقع، وربما أقرب إلى أفلام الخيال العلمي. لكن التطور المذهل في التكنولوجيا – خاصة في مجال ألعاب الفيديو والواقع الافتراضي – أعطى هذه الفرضية دفعة واقعية لم نكن نتوقعها.

خذ على سبيل المثال لعبة Red Dead Redemption 2، وهي واحدة من أكثر ألعاب الفيديو تطورًا من حيث الرسومات وتفاصيل العالم. تدور أحداثها في الغرب الأمريكي، وقد صُممت بعناية شديدة بحيث يشعر اللاعب وكأنه يعيش داخل قصة حقيقية. يمكنه أن يصطاد، ويتفاعل مع الناس، ويشاهد الغيوم تتغير، والحيوانات تتصرف وكأنها حقيقية، والبيئة تتغير من صباح إلى مساء اللاعب ينخرط في أنشطة جانبية مثل الصيد، الصفقات، والمطاردات. العالم الافتراضي في اللعبة يستجيب لك، لذا كل اختيار يحمل نتيجة. . كل شيء في هذه اللعبة مصنوع بدرجة من الإتقان تجعل الدماغ يصدّق أنه «يعيش» هناك.

أضف إلى ذلك تقنيات مثل الواقع المعزز من Google، وهي تكنولوجيا تسمح بإضافة عناصر رقمية إلى العالم الحقيقي عبر الكاميرا أو النظارات الذكية. مثلًا، يمكن أن ترى شخصية ثلاثية الأبعاد تقف أمامك في غرفة معيشتك، وتتفاعل معها وكأنها حقيقية، رغم أنها غير موجودة فعليًا. الواقع المعزز (Augmented Reality) ليس مجرد تقنية حديثة تُضيف عناصر

رقمية إلى محيطنا، بل هو تحسيد حي لفكرة أعمق: أن الواقع قابل للتعديل، وأن ما نراه ونلمسه ليس دائمًا ما هو «حقيقي» في حوهره. فعندما تنظر من خلال شاشة أو نظارة AR وترى كائنًا افتراضيًا يتحرك على طاولة في منزلك، فأنت تدرك تمامًا أن هذا الكائن ليس موحودًا «فعليًا»، ومع ذلك فإن عقلك يتفاعل معه كما لو كان حزءًا من الواقع ولكنه واعي انها ليس حزء من الواقع الفيزيائي . في هذه اللحظة، الخط الفاصل بين الوهم والحقيقة هو الوعي بأنها غير حقيقية ولكن لو لم نكن نعي ذلك فوقتها الخط الفاصل بين الوهم والحقيقة يتلاشى.

الرسالة هنا واضحة: نحن نقترب تدريحيًا من خلق عوالم رقمية يصعب التمييز بينها وبين الواقع. فإذا كنا نحن – بتقنيتنا الحالية – قادرين على بناء بيئات افتراضية بهذا القدر من الواقعية، فما الذي يمنع حضارة أكثر تقدمًا منا بملايين السنين من تصميم واقع كامل ومحاكاته بدقة أكبر؟ تخيل وفق كل الامكانيات التقنية الموجودة لو بعد مئات السنين الحضارات وقتها قررت صناعة محاكاة دقيقة لماضيها كما نحاول نحن الان بواسطة الذكاء الاصطناعي خلق فيديوهات لاحداث تاريخية فتبدو كأنها حقيقية. تخيل بعد ١٠٠ سنة كيف يمكن محاكاة الماضي؟

قد نكون نحن داخل واحدة من هذه المحاكيات، دون أن ندرك ذلك.

حتى الان، لا توحد أدلة تحريبية قاطعة على أننا داخل محاكاة. ولكن هذا ليس مفاحئًا: فالمحاكاة المصممة بإتقان يحب ألا تتيح أدوات تكشف زيفها. مع ذلك، تظهر إشارات فيزيائية غريبة مثل ثوابت فيزيائية لا تتغير، أو حدود معينة لسرعة الضوء، وكأنها «قيود برمحية». يعتقد بعض العلماء أن اكتشاف «بيكسلات» في الفضاء – ما يشبه أصغر وحدة ممكنة للمكان – سيكون دليلًا على وحود بنية رقمية للكون. ولكن يبقى السؤال: حتى لو

اكتشفنا هذه الإشارات، فهل يمكننا تأكيد أنها لثار «برمحة»، أم أنها محرد حزء من طبيعة الكون كما هو؟

هل يمكن للذكاء الاصطناعي أن يعي ذاته داخل المحاكاة؟

ضمن عالم المحاكاة، يبرز سؤال حوهري لا يقل إثارة عن طبيعة الواقع نفسه: إذا كنا نعيش داخل محاكاة، فهل يمكن أن يمتلك «الذكاء الاصطناعي» داخل هذه المحاكاة وعيًا حقيقيًا؟ أم أن كل ما يقوم به هو محرد محاكاة للوعي دون أن يكون واعيًا فعلًا؟

بعض الباحثين في علوم الأعصاب والذكاء الاصطناعي يميزون بين نوعين من الوعي: الأول يُعرف بالوعي «الذاتي» أو «النوعي»، وهو القدرة على أن يشعر الكائن بشيء، أن يعرف أنه موجود، أن يتأمل، ويطرح الأسئلة الوحودية. والنوع الثاني هو الوعي «الوظيفي»، الذي يعني أن النظام قادر على أداء مهام معقدة تشبه أفعال الكائن الواعي دون أن يشعر حقًا.

وهنا يطرح السؤال نفسه داخل سياق فرضية الكون المحاكى: إذا وُحدت كائنات رقمية داخل المحاكاة – مثلنا تمامًا – لديها القدرة على التفكير، والحلم، والإبداع، وحتى الشك في واقعها، فهل هذا يُعد «وعيًا حقيقيًا»؟ أم هو وعي «مبرمج» يتصرّف وفق خوارزميات متقدمة دون أن يشعر حقًا؟

تحربة الإنسان مع الذكاء الاصطناعي – مثل نماذج اللغة، أو الروبوتات التي تطوّر «شخصية» ظاهرة – تحعل هذا السؤال أكثر إلحاحًا. وإذا كنا نحن لا نستطيع أن نميّز بين الوعي الحقيقي والمبرمج، فكيف يمكننا أن نؤكد أننا لسنا نحن أنفسنا وعيًا مبرمحًا في محاكاة ما؟

هذا يقود إلى نتيحة وحودية شديدة الغموض: الوعي لا يمكن التحقق منه من الخارج، وإنما يُعاش من الداخل فقط. فإذا صحّ أن المحاكاة يمكن

أن تنتج وعيًا «تجريبيًا» لا يختلف في جوهره عن الوعي البيولوجي، فإن الفرق بين الإنسان والذكاء الاصطناعي – من منظور فلسفة الوعي – يصبح غير واضح، بل وربما غير موجود.

إذا كنّا نعيش في محاكاة، فهل يعني ذلك أن حياتنا بلا قيمة؟ قد يُخيل للبعض أن الأمر كذلك، لكن الواقع – أو «ما نعيشه كواقع» – أكثر تعقيدًا وعمقًا من هذا الافتراض البسيط. فحتى لو كنّا داخل نظام محوسب أو بيئة مبرمجة، فنحن نشعر، نحلم، نُحب، نتألم، ونضحك. هذه التجارب الشعورية لا تفقد معناها لمجرد أن مصدرها قد لا يكون «ماديًا» تقليديًا. على العكس، فإنها تثبت أن المعنى ينبع من الوعي، لا من طبيعة المنظومة التي تحتضنه. تمامًا كما يتفاعل الجسد في الحلم مع أحداث غير حقيقية، نحزن ونفرح رغم ان الحلم محاكاة للواقع وليس الواقع نفسه فقد يتفاعل وعينا مع هذه المحاكاة – إن كانت كذلك – بنفس الدرجة من الجدية والانفعال.

وهنا تبرز فكرة مثيرة: ربما يجب أن نعيد تعريف مفاهيمنا الأساسية عن «الواقع» و»الوجود». فإذا كان الكون عبارة عن بنية رقمية ضخمة، فالذرات، الضوء، الزمن، وحتى الجاذبية، ليست أكثر من وظائف في برنامج كوني أكبر. في هذا التصور، الوعي قد لا يكون مجرد نتاج عشوائي للمادة، بل الكود الأعقد في نظام الوجود ذاته. كل خلل صغير فيه يمكن أن يعيد تعريف قوانين الفيزياء نفسها. وهنا لا يضعف العلم، بل يتحوّل إلى أداة لفهم البنية الخلفية لهذا النظام – كيف يعمل؟ لماذا يبدو هكذا؟ وما هو «الحقيقي» داخله؟

في نهاية المطاف، لا تفرض علينا فرضية «الكون المحاكى» طريقة للعيش، لكنها تفتح أبوابًا لفهم أعمق لما نعيشه. هل نحن «كود واعٍ» يُحاكي الحياة من داخل محرك بيانات؟ أم كائنات تبحث عن حقيقة في كون يتوارى

خلف الشيفرة؟ ربما لن نعرف أبدًا، لكن المؤكد أن الوعي، التجربة، والمعنى، لا تحتاج إلى واقع مادي صلب لتكون حقيقية. قد يكون كل شيء من حولنا عبارة عن شيفرة رقمية، لكنّ الألم الذي نشعر به، الحب الذي نعيشه، والأمل الذي نتمسك به، حقيقيون بما فيه الكفاية ليمنحوا هذه «المحاكاة» معنى. وربما، في النهاية، ليس المهم أن يكون العالم حقيقيًا بقدر ما يهم أن تكون تجربتنا فيه صادقة.

المراجع

Bostrom, N. (2003). *Are You Living in a Computer Simulation?* Philosophical Quarterly, 53(211), 243–255.

Tegmark, M. (2008). *The Mathematical Universe.* Foundations of Physics, 38(2), 101–150.

Chalmers, D. J. (2022). *Reality+: Virtual Worlds and the Problems of Philosophy.* W. W. Norton & Company.

Yampolskiy, R. V. (2021). *Simulation argument: Impact on AI and ethics.* Minds and Machines, 31, 21–38.

Dehaene, S. (2014). *Consciousness and the Brain.* Viking Press.

Graziano, M. S. A. (2019). *Rethinking Consciousness.* Picador.

Wigner, E. P. (1961). *Remarks on the mind-body question.* In The Scientist Speculates.

Neumann, J. V. (1955). *The Mathematical Foundations of Quantum Mechanics.*

Whitworth, B. (2008). *The physical world as a virtual reality.* Physics Essays, 21(1), 44–57.

Fries, P. (2021). *Can we falsify the simulation hypothesis?* Journal of Consciousness Studies, 28(3–4), 89–110.

نحن والاحتمال:
هل نعيش واقعًا واحدًا؟

في عام ١٩٥٧، طرح الفيزيائي الأمريكي «هيو إيفريت» تفسيرًا غريبًا وحريئًا لميكانيكا الكم، أصبح يُعرف لاحقًا باسم «نظرية العوالم المتعددة». السؤال الذي حاول الإجابة عنه كان بسيطًا لكنه عميق: إذا كانت ميكانيكا الكم تخبرنا أن لكل تجربة احتمالات عديدة، فلماذا نرى في الواقع نتيجة احتمال واحدة فقط؟ إجابته كانت مفاجئة: «نحن لا نرى إلا نتيجة واحدة... لأننا نعيش في عالم واحد فقط من بين عدد لا نهائي من العوالم التي تحقق فيها كل احتمال.»

تخيل أن كل مرة تتخذ فيها قرارًا، أو تحدث تفاعلات ذرية في حسيم صغير، ينقسم الكون إلى نسخ متعددة. في كل نسخة منها، يتحقق أحد الاحتمالات. أنت من اخترت «نعم» في هذا العالم، وهناك نسخة أخرى منك اختارت «لا» في عالم موازٍ. هذه الأكوان تتفرع باستمرار من كل موقف، من كل اختيار، من كل لحظة، ومع كل تفرع، ينشأ واقع حديد تمامًا.

ما يحعل النظرية حذابة هو أنها تلغي الحاجة لمفهوم «انهيار دالة الموحة» الغامض في «ميكانيكا الكم» ، والذي يفترض أن الطبيعة تختار احتمالًا واحدًا فقط عندما تتم الملاحظة من بين احتمالات لا منتهية.

أما في العوالم المتعددة، فلا اختيار يتم، بل كل شيء يحدث، في عوالم مختلفة منفصلة.

هذه الفكرة، وإن بدت مستحيلة أو مستوحاة من الخيال العلمي، أصبحت حزءًا من النقاش الحاد في ميكانيكا الكم، خصوصًا بعد أن دعمتها بعض تفسيرات «النظرية الوترية» و«الكون التضخمي». بل إن هناك من يرى فيها إحابة ممكنة لسؤال وحودنا نفسه: ربما نحن لسنا سوى احتمال من ملايين الاحتمالات الأخرى التي تتحلى في أكوان موازية لا نراها... ولكنها قائمة، وتنتظر وعينا فقط. إذا كانت نظرية العوالم المتعددة صحيحة، فربما نحن محرد نسخة واحدة من نسخ لا حصر لها لأنفسنا. هذا يطرح سؤالاً مرعبًا وحذابًا في الوقت نفسه: هل من الممكن أن ندرك وحود هذه النسخ؟ أو أن ننتقل ولو فكريًا أو روحيًا من عالم لاخر؟

الفكرة قد تبدو خيالًا علميًا، لكنها تُناقش اليوم بشكل حاد في الأوساط العلمية والفلسفية. بعض التفسيرات الأكثر حرأة تشير إلى أن الوعي نفسه قد يكون هو الحسر الى الأكوان الأخرى. فإذا كان الوعي قادرًا على التأثير في سلوك الحسيمات على المستوى الكمي، كما رأينا في تحربة الشق المزدوج، فقد يكون أيضًا الوسيلة التي تسمح لنا بالوصول إلى «احتمال لخر» كان من الممكن أن نعيشه. ليس بالضرورة انتقالًا حسديًا بين الأكوان، بل تحولًا داخليًا في النسخة التي نعيشها نحن الان.

بمعنى لخر: في كل لحظة تتخذ فيها قرارًا، قد لا تتغير فقط الأحداث من حولك، بل قد تنتقل فعليًا وبلطف إلى كون موازٍ حيث لهذا القرار نتائج مختلفة تمامًا. البعض يسمي هذا «التحول الكمي»، حيث يُقال إن إدراكك العميق ورغبتك القوية يمكن أن «تسحبك» من نسخة واقع إلى أخرى. وكأنك تُعيد كتابة مصيرك من خلال نيتك ووعيك.

إن صح هذا، فهو يعيد تشكيل فهمنا للقدر والاختيار. لم يعد القدر خطًا مرسومًا لا نحيد عنه، بل أصبح شبكة متعددة المسارات، ونحن بوعينا من نختار في كل لحظة أي خيط منها نتابع.

وهكذا، يصبح الوعي ليس فقط أداة للإدراك، بل وسيلة للسفر عبر احتمالات لا تُعد ولا تُحصى. وربما، في أحد تلك الأكوان، كنت قد اتخذت القرار الذي ترددت في اتخاذه هنا... ولا يزال الوقت متاحًا، لأن كل شيء كما تقول فيزياء الكم ممكن، وفي كل لحظة.

تخيّل أنك حين تخرجت من الثانوية، كان أمامك خياران: الطب أو الهندسة. في عالمنا هذا، اخترت الطب. لكن وفقًا لنظرية العوالم المتعددة في ميكانيكا الكم، فإن هناك نسخة أخرى منك، في كون موازٍ، اختارت الهندسة. ثم، عندما قررت الدراسة في الخارج بدلًا من بلدك، انقسم الواقع مجددًا: نسخة سافرت، وأخرى بقيت. لاحقًا، حين احترت بين ثلاث جامعات، انبثقت ثلاث نسخ، كل واحدة التحقت بجامعة مختلفة. وهكذا، مع كل قرار أو لحظة اختيار، تنشأ نسخ جديدة في عوالم موازية، كل منها يحقق احتمالًا مختلفًا مما كان ممكنًا.

ما يبدو فكرة مجنونة أو خيالًا علميًا هو في الحقيقة امتداد منطقي لمبدأ التراكب في ميكانيكا الكم، حيث يمكن للجسيم أن يوجد في أكثر من حالة في آنٍ واحد، ولا «يختار» حالته النهائية إلا عند رصده. فحسب هذا النموذج، الواقع الذي نراه ما هو إلا نتيجة انهيار أحد الاحتمالات الكمومية، بينما تتحقق باقي الاحتمالات في أكوان أخرى.

وهنا تبدأ الأسئلة الفلسفية والروحية: هل نموت في أحد الأكوان ونواصل الحياة في أخرى؟ هل وعي الإنسان خالد يتنقل بين الأكوان؟ وإذا كان وعينا طاقة، و الطاقة لا تفنى و لا تستحدث فهل يفنى وعي الانسان

بالموت، أم أنه يستمر كما تستمر الموجات الكهرومغناطيسية بعد إطفاء التلفاز؟ هل قراراتنا تشكّل هويتنا في هذا الكون فقط، أم أن نُسخًا أخرى منّا اتخذت قرارات مختلفة وتعيش حيوات لم نعشها نحن؟

نظرية الأوتار، تلك النظرية الطموحة التي تسعى لتوحيد جميع قوى الطبيعة في إطار واحد، لا تكتفي بإعادة تعريف بنية المادة، بل ايدت فكرة وحود عدد هائل من الأكوان، وليس كونًا واحدًا فقط. فعندما بدأ الفيزيائيون في استكشاف حلول معادلات نظرية الأوتار، اكتشفوا أن هناك عددًا هائلًا من التكوينات الممكنة للكون – يُقدَّر بـ ١٠^{500} على الأقل. كل تكوين منها يملك قوانين فيزيائية مختلفة قليلاً: ثوابت الحاذبية، كتلة الحسيمات، عدد الأبعاد، وحتى طبيعة الزمكان نفسه. هذا ما يُعرف باسم «منظر الأوتار» (String Landscape)، وهي صورة نظرية تشير إلى أن كوننا ليس فريدًا، بل محرد نقطة ضمن بحر واسع من الأكوان المحتملة.

في هذا السياق، تظهر فرضية الأكوان المتعددة (Multiverse) كامتداد طبيعي لنظرية الأوتار. فبدلاً من وحود «كون واحد مضبوط بعناية»، تقترح النظرية أن هناك عددًا ضخمًا من الأكوان، ولكل منها خصائصه وقوانينه. نحن ببساطة نعيش في واحد منها ذلك الذي توافقت فيه القوانين بما يسمح بوحود الحياة والوعي.

هذا التصور لا يقدّم فقط مخرجًا لمشكلة «الواقع الموضوعي « فقط، بل يوسّع من أفق فهمنا للواقع بشكل راديكالي. فربما، في منظور أعمق، كل شيء يمكن تخيّله... موجود فعلًا، في كونٍ ما. وتصبح الحقيقة، في ظل هذا النموذج، احتمالًا من بين احتمالات لا تُحصى.

وهنا يظهر الرابط بين الأوتار والأكوان المتعددة: لكل طريقة التفاف ممكنة لتلك الأبعاد، يتشكّل «كون» بقوانين فيزيائية مختلفة. وبالتالي، فإن

كوننا ليس إلا واحدًا من عدد هائل من الأكوان التي نشأت من احتمالات فيزيائية وقرارات وحودية مختلفة، وقد يعيش فيها نسخ منّا اختارت خيارات أخرى تمامًا.

هل معنى ذلك أن كل احتمال تحقق؟ وهل نسخنا الأخرى هناك في العوالم الأخرى أكثر سعادة أو غنى أو حكمة؟ او العكس وهل يمكننا يومًا ما أن نتصل بهذه النسخ أو نندمج معها؟ وهل احلامنا نوافذ على الأكوان الأخرى؟ فكرة محنونة، لكنها ليست أكثر حنونًا من فيزياء الكم ذاتها التي أدهشت العقل البشري مرارًا وتكرارًا.

ببساطة، قد لا نكون محرد سكان في هذا الكون... بل صانعوه، بقراراتنا، ووعينا، ونوايانا.

إذا كانت فيزياء الكم تقول إن كل احتمال ممكن قد تحقق في عالمٍ موازٍ، فإن السؤال الذي يطرحه الكثير من المهتمين بالروحانيات والوعي الذاتي هو: هل يمكن للنية أن تختار المسار الكوني الذي ننتقل إليه؟ هل وعينا، ومشاعرنا، ونوايانا، ليست فقط عوارض داخلية بل مفاتيح تفتح أبوابًا لأكوان أخرى؟ الم يكن وعينا حسب فيزياء الكم هو من يؤثر في رصد الحقيقة؟ واذا كانت النية من مكونات الوعي فهل نوايانا هي التي اختارت المسار الذي اخترناه في هذه اللحظة؟

في كثير من المسارات الروحية القديمة، سواء في التصوف الإسلامي، أو في الحكمة البوذية، أو حتى في فلسفات شرق لسيا مثل الطاوية والهندوسية، كانت هناك فكرة محورية تتكرر بصيغ مختلفة: أن النية ليست محرد رغبة عابرة في النفس، بل طاقة توحه الوحود، وتعيد تشكيل الواقع الخارحي من الداخل. لم تكن النية محرد تمني، بل كانت تُعتبر «بذرة خفية» تُزرع في تربة الوعي، لتُثمر لاحقًا في أحداث، وتوحهات، بل أحيانًا

في مصائر كاملة.

لعل هذه الرؤية كانت تُعتبر قديمًا رمزية أو فلسفية ، ولكن ما بدأنا نفهمه من الفيزياء الحديثة وتحديدًا من ميكانيكا الكم يعيد لهذه الفكرة مصداقية عحيبة من زاوية مختلفة تمامًا. في تحربة الشق المزدوج الشهيرة، نكتشف أن محرد رغبتنا في «معرفة» ما يفعله الحسيم تغيّر سلوكه؛ فيتحول من موحة إلى حسيم، ويُعدل واقعه لمحرد أننا قررنا مراقبته. الكون يستحيب... لا لمحرد الأفعال، بل للفعل المصحوب بالوعي. والفعل هنا هو المراقبة بوعي ذلك يعني ان النية حاضرة كركن من اركان الوعي.

فماذا لو كانت النية تلك الحركة الداخلية الهادئة التي لا يراها أحد شكلًا من أشكال «المراقبة الداخلية»؟ ما دامت المراقبة الفيزيائية من خارج الحسيم تغير حالته، ألا يمكن أن تكون نيتنا كمراقبة واعية صامتة من الداخل قادرة على تغيير المسار الذي يسلكه الواقع الذي نراقبه من بين عدد لا نهائي من الاحتمالات؟ هذا هو حوهر «نظرية العوالم المتعددة» في الفيزياء الكمومية، والتي تقول إن كل احتمال يمكن أن يتحقق في عالم موازي. لكن وعينا بنيّته واهتمامه هو الذي يحدد أي «فرع» من هذا الشحر اللامتناهي سنسلكه.

النية هنا لا تصبح محرد موقف أو شعور، بل تصبح أداة كونية. وكأن الكون، في أعماقه، أقرب إلى الحديقة منه إلى الالة. لا يتحاوب فقط مع قوانين الحديد والمعادلات، بل مع طاقة من نوع لخر: طاقة النية، الصدق، والتوحه الداخلي الذي نسميه الوعي.

وهكذا، لا يكون الطريق إلى السلام أو النحاح أو التغيير مرهونًا فقط بما نفعله بأيدينا، بل يبدأ بما نحمله في قلوبنا. فإن كان وعينا قادرًا كما

تقول الفيزياء على التأثير في الحسيمات، وتحديد شكل الواقع من بين ملايين الاحتمالات، فكم من الممكن أن تغير نيتك طريقك كله؟ ليس لأنك «تتخيل»، بل لأنك تراقب من الداخل، وتختار بصدق، فتُفتح لك الأبواب التي كانت تبدو محض مصادفة.

ربما، كما يقول القدماء، ما تفكر فيه يتحقق. لكن الحديد هنا أن العلم بدأ، ولو على استحياء، يقول: ربما هذا صحيح. وربما، نحن لم نكن ننتظر الحقيقة، بل الحقيقة كانت تنتظر «نيّتنا».

هذا يقود إلى إعادة تعريف مفهوم «القدر». ليس على أنه مسار واحد محتوم، بل كخريطة كونية متعددة المسارات، تحدد النية أي طريق سنسلك منها. النية هنا ليست مجرد أمنية، بل هي وميض داخلي، يحمل شيفرة الوعي إلى الكون، فيتحاوب الكون معها، كما تتحاوب الحسيمات مع من يراقبها.

وهكذا يصبح الوعي المتناغم مع النية الصافية، أداة للسفر الروحي والزمني، ومع كل قرار نختار به الحب بدلاً من الخوف، النور بدلاً من الظلمة، نكون ننتقل من احتمالٍ كوني إلى لخر، من واقع قديم إلى واقع حديد، ليس فقط على مستوى الشعور، بل على مستوى البنية الكونية ذاتها.

لذلك، لم تعد النية مجرد اختيار أخلاقي أو شعوري، بل ربما أصبحت أعظم قوة كونية نمتلكها، قوة تحدد أي نسخة من العالم نعيشها الان.

في قلب ميكانيكا الكم، تقف ظاهرة «التشابك الكمي» كأحد أكثر المفاهيم غرابة وإثارة للتساؤلات. يقوم المبدأ على ان الاحسام قد تتشابك كميا، اي تتصرف و كأنها مرتبطه حتى لو كان بينها الاف الكيلومترات واي تغيير في حالة الحسم الاول يتغير مثله الحسم الاخر فورا مهما كانت المسافة بينهما هذه الفكرة صدمت أينشتاين نفسه، الذي وصفها بـ»رعب

شبحي عن بُعد»، لأنه لم يكن يتصور أن شيئًا يمكن أن يحدث «فوريًا» بين حسيمين متباعدين دون أن تنقل بينهما أي إشارة. فلو تحرك حسم نحو اليمين تحرك الاخر نحو اليمين و لو غير حركتة لحهة اليسار تحرك الاخر فورا معه مهما كانت المسافة بينهما.

أصل الفكرة يعود إلى ورقة نشرها أينشتاين وبودولسكي وروزن عام ١٩٣٥. لكن التحربة الحاسمة حاءت عام ١٩٨٢ على يد الفيزيائي الفرنسي ألان أسبكت، الذي أثبت تحريبيًا أن التشابك الكمي ليس وهماً، بل ظاهرة حقيقية لا يمكن تفسيرها بأي قوانين كلاسيكية. بعبارة أخرى، الكون أكثر ترابطًا مما كنا نظن، لا على مستوى الحسيمات فقط، بل على مستوى المعلومات ذاتها.

اليوم، يُنظر إلى التشابك كأحد الأسس الثابتة لتقنيات المستقبل مثل الحوسبة الكمومية والتشفير الامن، لكنه أيضًا يفتح بابًا فلسفيًا هائلًا: إذا كانت الحسيمات «تعرف» بعضها عن بُعد، وتستحيب لبعضها عن بعد دون وحود رابط بينها، فماذا عن ترابط الوعي نفسه؟ هل نحن، بدورنا، متشابكون بطرق لم نكتشفها بعد؟ وهل النية لها القدرة على التشابك مع مكونات اخرى فترتبط بكون واحد دونا عن غيره؟

ما يحعل الأمر أكثر عمقًا هو الربط بين هذه الظواهر الفيزيائية والوعي الإنساني. بعض الباحثين يقترحون أن وعينا ذاته قد يكون ظاهرة كمومية، يتشابك مع وعي لخرين، كما تتشابك الحسيمات. حين نفكر في شخص ثم نتلقى منه اتصالاً في اللحظة نفسها، أو نشعر بحدث قبل وقوعه، قد لا يكون ذلك محرد مصادفة، بل انعكاس لتشابك كمي داخلي. الوعي قد لا يكون محصورًا داخل الدماغ، بل متصلاً بشبكة وعي أوسع، تعمل خارج حدود الزمان والمكان كما نعرفها. في ضوء هذه التصورات، تصبح النية

البشرية وهي شكل من أشكال التركيز الواعي أكثر من محرد شعور داخلي؛ قد تكون عملية كمومية تؤثر في احتمالات الواقع. نحن لا نلاحظ الكون فقط، بل نعيد تشكيله عبر وعينا.

هنا ينبثق سؤال مذهل: هل يمكننا التواصل مع نسخ أخرى من أنفسنا؟ ليس من باب الخيال أو الميتافيزيقا السطحية، بل كامتداد لفرضيات كمومية حدّية. الفيزياء الكمية، من خلال مفاهيم مثل التراكب والتشابك الكمي، لا تنكر وحود تلك النسخ، لكنها ترى أن تداخل الحالات بعد «الانقسام الكمومي» غير ممكن ضمن الأطر المعروفة. لكن ماذا عن الأحلام التي تتحقق، الحدس، الديحا فو، أو الإلهام المفاحئ؟ ألا يمكن أن تكون تلك ومضات باهتة من نسخ أخرى منّا؟

الفلسفات الشرقية والصوفية، ونظريات حديثة كالـ Integrated Information Theory، تقترح أن الوعي ليس محصورًا داخل الدماغ، بل قد يكون حقلًا يمتدّ عبر الأبعاد والاحتمالات. فربما في حالات تأمل عميق، أو أثناء تحارب الاقتراب من الموت، أو حتى في الأحلام، نلامس شيئًا من هذا الحقل الممتد؛ نسمع همسًا عابرًا من ذاتنا إلى ذاتنا، من نسخة تسير في مسار لخر، في واقع يختلف لكن لا يفصلنا عنه سوى «غشاء رقيق من الاحتمال».

ونظرية الأوتار تضيف تعقيدًا مثيرًا: إذا كانت هناك أبعاد أخرى «مطوية» لا نراها، فقد تكون الأكوان المتعددة متصلة عبر حسور دقيقة—أنفاق كمومية أو نقاط تداخل. وعندها قد يصبح ما نراه في الأحلام، أو نشعر به حدسيًا، ليس وهمًا، بل صدى من واقع لخر... من احتمال لخر كنت أنت فيه شخصًا مختلفًا، اتخذ قرارًا لخرا، ومضى في طريق مختلف.

ربما وعيك لم يكن يومًا مقيدًا بحسدك، أو بزمنك، أو بكونك هذا، بل كان

دائمًا ترددًا في حقل أوسع من الوعي الكوني. وبهذا المعنى، ليس مستبعدًا أن تكون كل قراراتك قد حدثت، وكل نسخك الأخرى لا تزال تعيش، في أماكن لا تفصلنا عنها سوى «وعي اللحظة». فتخيل أن وحودك كله ليس أكثر من نقطة على نسيج يتقاطع فيه العلم، والفلسفة، والروح.

هل هذه النظرية محرد خيال أم علم حاد؟

قد تقول، عزيزي القارئ، إن كل ما قرأته عن الأكوان المتعددة أو نظرية الأوتار هو محرد خيال حامح، لا يمتّ إلى الواقع بصلة. وهذا تساؤل مشروع، بل هذا هو السؤال الذي يواحه الفيزياء النظرية الحديثة منذ نشأتها: إذا لم نرَ الشيء، إذا لم نستطع لمسه أو قياسه مباشرة، فهل يمكن أن يكون حقيقيًا؟

وهنا لا بد من توضيح أمر أساسي: في الفيزياء، هناك شقّان متكاملان.

الشق الأول تطبيقي تحريبي، يقوم على الملاحظة والقياس والتكرار، ويمنحنا أدلة مادية محسوسة. أما الشق الاخر، فهو نظري رياضي بحت، يستند إلى معادلات منطقية قد لا تكون قابلة للاختبار المباشر في لحظتها، لكنه لا يقل أهمية أو حدية عن الأول.

خذ مثالًا شهيرًا: في عام ١٩١٥، طرح أينشتاين فكرة أن الزمكان منحنٍ، وليس مسطحًا كما كان يُعتقد لنذاك. لم يكن لديه حينها دليل تحريبي مباشر. كانت فرضيته قائمة بالكامل على المنطق الرياضي والاستنتاج العقلي. كثيرون سخروا منها، ورفضوها، لعدم وحود «برهان مادي».

لكن بعد أربع سنوات فقط، في عام ١٩١٩، وخلال كسوف شمسي، قام الفلكي لرثر إدينغتون بقياس انحراف ضوء النحوم خلف الشمس. فلو كان الفضاء مسطحًا لاصطدمت اشعة تلك النحوم في الشمس و لم تصل للارض، لما أمكن رؤية تلك النحوم؛ لكن الضوء انحنى من فوق الشمس و

رصد في الارض ، كما تنبأ أينشتاين، وأثبت بذلك أن الفضاء نفسه قابل للانحناء. وهكذا، ثبتت الفرضية النظرية تحريبيًا.

ما أود قوله هنا: غياب الدليل المادي الان لا يعني غياب الحقيقة. الفيزياء النظرية تبني الحسور إلى المستقبل، مستخدمة المنطق والرياضيات، وتنتظر أن يلحق بها الواقع التحريبي.

نظرية الأوتار، أو الأكوان المتعددة، او الكون الهولوغرامي قد تبدو اليوم غير قابلة للقياس، لكن ربما غدًا نكتشف لثارها. وكما احتاحت نظرية أينشتاين لكسوفٍ واحد كي تخرج من الورق إلى الضوء، ربما تحتاج هذه النظريات إلى حدث كوني لخر كي نُدرك أننا لطالما كنا نعيش في واقع أعقد بكثير مما نظن.

صحيح أن الأكوان الموازية لا يمكن رصدها مباشرة حتى الان، لكن غياب الدليل ليس دليلاً على الغياب. هذه ليست مغالطة منطقية فحسب، بل مبدأ راسخ في تاريخ الفيزياء؛ فالذرات، والثقوب السوداء، وحتى موحات الحاذبية، كانت حميعها نظريات «غير قابلة للرصد» في بدايتها، ثم أصبحت اليوم من المسلّمات التحريبية.

أحد أقوى المؤشرات على وحود أكوان موازية يأتي من نظرية التضخم الكوني، والتي تشير إلى أن الكون توسّع بشكل هائل وفوري بعد لحظة الانفحار العظيم. هذه النظرية مدعومة بملاحظات دقيقة حدًا لإشعاع الخلفية الكونية، ولكن حين نأخذ حساباتها إلى نهايتها المنطقية، فإنها تتنبأ بوحود عدد لا نهائي من «الفقاعات الكونية»، كل منها يشكّل كونًا مختلفًا، وقد يحمل قوانين فيزيائية وثوابت مغايرة لكوننا. هذا ما يُعرف بـ«التضخم الأبدي» (Eternal Inflation).

عدد من الفيزيائيين في حامعات مرموقة كـ«أكسفورد» و«MIT»

يعملون حاليًا على نماذج تحاكي هذا «التضخم الأبدي»، ويقترحون أنه قد تكون هناك لثار قابلة للرصد، مثل تصادم بين فقاعتين كونيّتين. وإذا حدث مثل هذا التصادم، يمكن أن يُخلّف «ندوبًا» طفيفة في إشعاع الخلفية الكونية الميكروي (CMB)، يمكن رصدها باستخدام أدوات دقيقة مثل تلسكوب Planck الفضائي.

بالتالي، فإن الحديث عن الأكوان المتعددة لم يعد محرد تأمل نظري أو خيال علمي، بل ناتج طبيعي لنظريات رياضية عميقة واعدة، نختبر أحزاءً منها اليوم، وسنكتشف المزيد في المستقبل، تمامًا كما كنا نبحث يومًا عن كواكب أخرى في كونٍ بدا فارغًا.

في النهاية، لسنا أمام علم حامد يتعامل مع معادلات حامدة، بل أمام رحلة لفهم الذات والكون في لنٍ واحد. كل ما ناقشناه – من التقلبات الكمومية، إلى تأثير المراقب، ثم العوالم المتعددة، فالأوتار والأبعاد الخفية – ليس محرد فضول نظري، بل هو محاولة لفهم موقعنا في هذا الوحود. يبدو أن الفيزياء اليوم، في عمقها، باتت تقترب من أسئلة الإنسان القديمة: من أنا؟ هل أملك حرية قراراتي؟ وهل وعيي محرد نتاج بيولوحي، أم هو نافذة تطل على عوالم موازية؟ إن تطور هذه النظريات لا يعطينا فقط أدوات لفهم الكون، بل أيضًا يعيد تعريفنا لأنفسنا. فالوعي لم يعد محرد «نتاج ثانوي للدماغ»، بل قد يكون حزءًا من نسيج الكون ذاته، كما تقترح بعض التفسيرات الفيزيائية والفلسفية. وإن صحّ هذا التصور، فإن كل قرار، كل فكرة، كل نية، ليست محرد لحظة عابرة، بل ربما «نقطة تفرّع» لعالمٍ كامل. لسنا محرد مراقبين في هذا الكون، بل مشاركون في تشكيله، نؤثر فيه كما يؤثر فينا. وبينما قد لا نملك بعد أدوات قطعية لقياس تلك الأكوان الموازية أو فهم الروابط الغامضة بين الوعي والمادة، فإن الحرأة على

السؤال، والانفتاح على الاحتمال، هو ما يجعل رحلتنا العلمية والإنسانية ممكنة. ربما كان الكون ذاته ينتظر وعينا لنكتشفه، وربما نحن، في أعماق وعينا، كنا نعرف دومًا أن الحقيقة أكبر من أن تُحصر في عالمٍ واحد.

رغم جاذبية نظرية الأكوان المتعددة في الفيزياء الحديثة، فإنها تفتح الباب أمام تساؤلات فلسفية معقدة تتجاوز حدود العلم التجريبي، وتضعنا أمام أسئلة تمس جوهر الذات والواقع والإرادة الحرة.

فإذا كان كل احتمال كمومي يتحقق في كون مستقل، كما تقترح النظرية، فهل نحن نعيش واقِعًا واحدًا أم مجرد نسخة من عدد لا نهائي من النسخ؟ وهل قراراتنا، مهما بدت حاسمة، لها تأثير فعلي إذا كانت كل نتائجها تحدث بالفعل في عوالم أخرى؟ هذا يُربك مفهوم «حرية الإرادة»، بل يجعلنا نتساءل: هل نحن نختار بنيتنا ووعينا ، أم أن كل خيار قد تم بالفعل في نسخ أخرى منا؟

ثم تأتي المسألة الأعمق: الوعي. إذا كان هناك نسخ متعددة من «أنا»، فهل وعينا متشظٍ بين هذه النسخ؟ أم أن هناك وعيًا واحدًا يتنقّل أو يتوزع؟ هل الوعي يتجزأ؟ أم أن هناك نوعًا من الوعي الأعلى الذي يحتضن هذه الاحتمالات جميعًا؟ هذه الأسئلة لا تجد إجابات سهلة في معادلات الفيزياء، بل تحتاج إلى أدوات فلسفية.

إضافة إلى ذلك، تُعدّ النظرية، حتى اللحظة، من نتاج الفيزياء النظرية، تفتقر إلى دليل تجريبي مباشر، وهو ما يضعها في منطقة رمادية بين العلم والميتافيزيقا. وهذا بدوره يثير تحديات في طبيعة المعرفة ذاتها: هل نقبل ما لا نراه إذا اتسق منطقيًا؟ وهل يمكن للعلم أن يظل علمًا إذا تجاوز إمكانيات الرصد والتجريب؟

في النهاية، نحن أمام نظرية قد تغيّر فهمنا للواقع، لكنها في الوقت ذاته

تكشف هشاشة تصوراتنا السابقة عن «الحقيقة» و«الذات» و«الاختيار». وكأنها تقول لنا: لست وحدك، ولست نسخة واحدة، وما تراه ليس كل ما هو موجود. وهنا، تلتقي الفيزياء بالفلسفة، لا لتتنافسا، بل لتكمّل إحداهما الأخرى في سعي مشترك نحو فهم أعمق للوجود.

Refrences المراجع

Afshordi, N., Magueijo, J., & Skordis, C. (2017). *Evidence for a Holographic Cosmology*. Physical Review Letters, 118(4), 041301.

Bohm, D. (1952). *A Suggested Interpretation of the Quantum Theory in Terms of "Hidden" Variables I & II*. Physical Review, 85, 166–193.

Carroll, S. (2010). *From Eternity to Here: The Quest for the Ultimate Theory of Time*. Dutton.

Deutsch, D. (1997). *The Fabric of Reality: The Science of Parallel Universes and Its Implications*. Penguin Books.

Everett, H. (1957). *"Relative State" Formulation of Quantum Mechanics*. Reviews of Modern Physics, 29(3), 454–462.

Greene, B. (2011). *The Hidden Reality: Parallel Universes and the Deep Laws of the Cosmos*. Vintage Books.

Hobson, A. (2024). *Fields and Their Quanta: Making Sense of Quantum Mechanics*. Springer.

Hui, F. (2025). *Quantum-Informational History Optimization Theory (QIHOT)*. ResearchGate.

James, B. (2025). *Dismantling the Many-Worlds Hypothesis: A New Framework for Quantum Measurement*. PhilArchive.

Kaku, M. (2006). *Parallel Worlds: A Journey Through Creation, Higher Dimensions, and the Future of the Cosmos*. Anchor Books.

Kuznetsov, A. (2024). *Philosophical Implications of Indeterminacy and Poly-Logic Thinking*. PhilPapers.

Malicse, A. (2024). *The Nature of the Observer: Biological or Universal?* PhilPapers.

Penrose, R. (1994). *Shadows of the Mind: A Search for the Missing Science of Consciousness*. Oxford University Press.

Singh, H. (2025). *The Theory of Awareness Conscious Migration Across Quantum Realities*. SSRN.

Tegmark, M. (2014). *Our Mathematical Universe: My Quest for the Ultimate Nature of Reality*. Knopf.

Vilenkin, A. (2006). *Many Worlds in One: The Search for Other Universes*. Hill and Wang.

Wallace, D. (2012). *The Emergent Multiverse: Quantum Theory According to the Everett Interpretation*. Oxford University Press

الوعي والواقع: متغيّران في معادلة واحدة

رأينا في الفصول السابقة تغير في نظرة الفيزياء للعالم على انه موجود خارج الوعي. حيث كانت الفيزياء تتدعى ان الطبيعة وفق هذا التصور أشبه بساعة ميكانيكية ضخمة تدور بدقة متناهية، بلا حاجة لمن ينظر إليها. لكن مع مطلع القرن العشرين، وبفعل قوانين الفيزياء الحديثة ، بدأ هذا التصور يتصدع.

رأينا كيف أظهرت ميكانيكا الكم أن فعل الملاحظة والمراقبة نفسه ليس محرد حدث عابر، بل عنصر فعال في تحديد «ما الذي يحدث». في تحربة الشق المزدوج الشهيرة، تسلك الإلكترونات سلوك الموجة تتداخل وتنتشر عندما لا نرصدها. لكن ما إن ندخل حهازًا للمراقبة، حتى تتصرف كحسيمات، متخذة مسارًا واحدًا ومحددًا. وكأن الكون يتردد في اتخاذ شكل معين... حتى يلتفت إليه أحدهم.

هنا يصبح السؤال أكثر زعزعة: هل الإلكترون كان «موجة» ثم «أصبح» حسيمًا؟ أم أنه لم يكن شيئًا محددًا أصلاً حتى قمنا بمشاهدته؟ وفق تفسير كوبنهاغن، يكون الحسيم في حالة تراكب أي في عدة حالات ممكنة ولا «ينهار» ويختار نتيحة واحدة إلا لحظة الرصد. الوعي هنا لا يخلق الحدث،

لكنه من يحسمه. والنتيجة؟ الواقع نفسه لا يتحدد إلا في هذه اللحظة التي نمدّ فيها وعينا إليه.

هذه الظاهرة العلمية الدقيقة تفتح أوسع أبواب الفلسفة: إذا كان الواقع يتشكل عبر التفاعل مع وعينا، فهل ما نراه «حقيقي» في ذاته، أم محرد انعكاس لعين تراه؟ هل نحن مراقبون أم مشاركون في صنع الحدث؟ هل الحقيقة موحودة خارحنا، أم أننا، بمحرد أن نراها، نعيد صياغتها وفق شروط وعينا؟

وهكذا، عند تقاطع العلم والفلسفة، تتبلور أطروحة مذهلة: أن العالم لا يكتمل إلا بوحودك انت. أن الواقع ليس شيئًا موضوعيًا يُعرض أمامك، بل بنية احتمالية تنتظر أن تختارها انت و أن تنظر إليها، فتتشكل. فيزياء الكم لم تعد محرد معادلات، بل أصبحت دعوة تأملية لإعادة تعريف الذات والكون معًا.

ربما لم نكن نعيش داخل «واقع» واحد منذ البداية، بل داخل احتمالات تتكثف لتصير حقيقية فقط عندما نكون. مستعدين لأن نراها او نختارها.

السؤال الذي لم يعد محصورًا في الفلسفة وحدها، بل أصبح من أكثر المواضيع إثارة للحدل في الفيزياء والعلوم الإدراكية: هل الوعي يؤثر فعليًا على الواقع المادي، أم أنه محرد أداة لرصده وفهمه؟ في تصوراتنا اليومية وفي الفيزياء الكلاسيكية، اعتدنا فصل «العقل» عن «المادة» وكأنهما كيانان لا يلتقيان. نعتقد أن وعينا شيء داخلي، ذاتي، مرتبط بالإدراك والتحربة، بينما الواقع المادي قائم بذاته، يتحرك ويُفسر عبر قوانين مستقلة عن إدراكنا له.

لكن مع ظهور ميكانيكا الكم، بدأت هذه الفواصل تتلاشى. فالحسيمات دون الذرية اللبنات الأساسية للكون أظهرت سلوكًا غريبًا، يُفهم فقط إذا

أخذنا المراقب بعين الاعتبار. في تحارب مثل تحربة الشق المزدوج، تغير سلوك الحسيمات اعتمادًا على وحود «مراقب»، وكأن عملية الرصد نفسها تفرض واقعًا معينًا، وتحبر الحسيم على اتخاذ قرار. يبدو أن الوعي لا يكتفي بالملاحظة، بل يشارك بطريقة ما في تحديد النتيحة.

تفسير كوبنهاحن في ميكانيكا الكم يذهب إلى أن الواقع لا «يحسم أمره» إلا حين نرصده. فالواقع لا يتكشف بصورة نهائية إلا في حضور وعي يُراقب، مما يعني أن المراقِب والمنظور إليه غير منفصلين، بل متداخلان بعمق.

هذه ليست مبالغة فلسفية، بل ما عبّر عنه الفيزيائي «باسكال حوردان» بدقة حين قال:

«المراقبة لا تزعج ما نريد قياسه فقط، بل تُنتج النتيحة نفسها.»

نحن لا نخلق الواقع من العدم، لكن وحودنا كمراقبين يُرغم الطبيعة على حسم أحد المسارات المحتملة، من بين خيارات كانت كلها ممكنة قبل الرصد.

ويزداد الأمر غرابة مع ما يُعرف بـ«تحربة الاختيار المتأخر» التي صممها الفيزيائي حون ويلر. في هذه التحربة، اعاد حون ويلر تحربة الشق المزدوج و لكنه قرر ان يُؤخّر قرار مراقبة الإلكترون إلى ما بعد مروره من الشقين اي عندما يكون الالكترون قد انهى عملية الاختيار، لكن رغم ذلك، الالكترون صحح ماضية ليتناسب مع المراقبة اللاحقة. يبدو أن الإلكترون «يُعيد كتابة» ماضيه ليتماشى مع ما اخترنا أن نراقبه لاحقًا. الكون، في هذه الحالة، لا ينتظر فقط أن نلاحظه ليقرر مستقبله، بل يوافق على «تعديل تاريخه» أيضًا ليتناسب مع وعينا الحالي.

من هنا، يصبح الوعي ليس محرد شاشة تُعرض عليها الأحداث، بل

عنصرًا يُعيد تشكيل ما نراه، وما نفهمه، وما نعيشه. هنا يظهر مفهومان يتداخلان ظاهريًا لكنهما متباعدان في الجوهر: الوعي والمراقبة. قد يبدو الفارق بينهما طفيفًا ولكن هناك اختلاف جوهري بينهما. المراقبة، في معناها الفيزيائي، هي اللحظة التي تتدخل فيها أداة أو جهاز لقياس حالة الجسيم، فتُجبره على اختيار وضعٍ واحد من بين عدة احتمالات. تخيل جسيمًا يتردد بين الوجود واللاوجود، بين أماكن متعددة في آنٍ واحد، ثم فجأة وبمجرد أن تقيسه يُجبر على اتخاذ قرار: «أنا هنا». هنا أداة المراقِبة يكفي أن تتفاعل مع النظام، حتى تُغيّر مجراه. إنها عملية تقنية، تحدث حتى لو لم يكن هناك عقل يراقب أو يدرك ما يجري.

أما الوعي، فهو شيء أعمق بكثير. الوعي لا يُقاس، بل يُختبر. هو ليس مجرد تسجيل ما حدث، بل تجربة لما حدث. الوعي لا «يرى» فقط، بل يفهم، ويتأمل، ويشعر. إنه ليس فقط إدراك اللحظة، بل إدراك أنك أنت من يدركها. ووفق بعض التفسيرات الكوانتية الجريئة، قد لا يكفي القياس وحده لخلق الواقع، بل يُفترض وجود وعي يُضفي على الحدث معنى، ويختار، من بين كل تلك الاحتمالات، احتمالًا وحيدًا يُصبح هو «الواقع».

بهذا المعنى، المراقبة تُحدِث التغيير، لكن الوعي هو من يُضفي عليه معنى. الأولى تُقاس بالأجهزة، أما الثاني، فلا يُختبر إلا من الداخل. في عالمٍ يتحدد فيه الواقع لحظة النظر إليه، ربما لا تكفي الأدوات... بل نحتاج إلى عيون ترى، وعقل يعي.

لكن ماذا يعني كل ذلك لنا، نحن البشر الذين نحمل هذا «الوعي»؟ هل يمكن أن تكون الجسيمات تحت المجهر وذكرياتنا الشخصية على نفس طاولة النقاش؟

الغريب أن الجواب قد يكون «نعم»، هناك تقاطع مذهل. نحن لا نعيش

العالم كما هو، بل كما نُدركه. فعندما تمر بلحظة حزن أو فرح، لا يتغيّر «الزمن» فيزيائيًا، بل يتغير داخلك تتباطأ الدقيقة في القلق، وتُسرع الساعة في النشوة. تمامًا كما تُحبر الحسيمات الكمومية على اتخاذ قرار بمحرد أن نرصدها، تتخذ لحظاتنا الخاصة شكلها ومعناها حين ننتبه لها. الزمن نسبي كما أثبتت الفيزياء و قد يتأثر بعوامل عدة وقد يكون صغر هذه الفروقات هو ما يحعلنا غير قادرين على تحديد العوامل الأخرى. الزمن كما ذكرنا سابقا وهما ادراكيا و تحربة ذاتية خالصة.

وعليه فان وعيك لا يكتفي بالرصد، بل هو يخلق «قصتك» عن العالم. مثلما تنهار دالة الموحة الكمومية عند القياس إلى واقع معين، تنهار إمكانيات حياتك الكثيرة إلى واقع واحد تعيشه لحظة بلحظة، من خلال اختياراتك ومشاعرك وتفسيرك الخاص لما يحدث. وهذا ما يحعل الوعي ليس فقط أداة للإدراك، بل شريكًا خفيًا في صياغة تحربتك في هذا الكون.

في ضوء هذه التحارب، يصبح وعينا ليس مرلة للواقع، بل أحد أطراف المعادلة التي تصنعه. الكون لا يكتمل قبل أن نلتفت إليه، ولا يحسم خياراته إلا حين ننظر إليه. وهنا تلتقي الفيزياء بالفلسفة عند سؤال عميق: هل نحن حزء من التحربة؟ أم أننا نحن من يحعل التحربة ممكنة أصلاً؟

في نظرة أعمق للوعي قد تتسائل اذا كان الوعي هو ما يصنع واقعنا و يحعله بالشكل الذي نراه، كيف اذا يتعامل وعينا مع الكيانات الواعية « البشر» الذين حولنا والذين نعيش بينهم هل هو يصنعهم ايضا او يتحكم في تحربتهم بالمراقبة او الوعي ام انهم كيانات مستقلة تملك ارداة مستقلة بمنأى عن وعيك.

في الحقيقة التفسير الأغرب الذي قد اذهب اليه لذلك ان وعيك هو من يصنع هؤلاء البشر بادراكك لهم في هذه اللحظة. هم ليسوا كيانات مستقلة

عن وعيك وانت ترصدهم فقط. بل هم موجودون لخلق تحربتك الإنسانية من خلال وعيك. هم موحودون ليلعبوا دورا مهما في تحربتك انت وليس موحودون لذواتهم. كالممثل المسرحي يظهر في مشهد معين ليلعب دورا في حياة الممثل الرئيسي و ينتهي هو عند انتهاء المشهد. مالا يقع في حدود وعيك وادراكك هو لا وحود له. مالا يقع في حدود وعي وادراكي وحواسي في هذه اللحظة هو ليس حقيقي ولا وحود له. حياتنا قد لا تكون ناتحة عن تقاطع حيوات الاخرين. حياتنا ناتحة عن وعينا بهم في لحظة ما. هل صديقك الذي لا تراه الا ساعة في الاسبوع هو موحود فعلا خارج هذه الساعه بشكل حقيقي؟ كيف تعرف ذلك وانت لا تراه. قد تقول يحادثني في الهاتف، نعم ولكن هذا صوته وليس هو ككيان مادي. لا يكون صديقك حقيبيا الا في اللحظة التي يظهر فيها في حياتك ليشكل تحربتك الانسانية.

هذا يبدو انه يتسق مع الافكار الفلسفية مثل السولوحية الفلسفة السولوحية (Solipsism) هي مذهب فلسفي يرى أن الوعي الفردي هو الحقيقة الوحيدة المؤكدة، ويشكك في وحود العالم الخارحي أو وعي الاخرين بشكل مستقل عن الذات. وفقًا لهذا الفكر، قد يكون كل ما نراه ونشعر به محرد تصورات داخلية، دون دليل قاطع على وحود واقع خارحي موضوعي.

سأضرب مثلا دائما استخدمة للعبتي الالكترونية المفضلة عندما كنت صغيرة «سوبرماريوو» سوبر ماريو في كل مرحله يمر فيها هي لحظات من الوعي يتشكل فيها العالم لحظة بلحظة. مثلما افترضت نظريات الكون كمحاكاة، الكون يتشكل لحظة بلحظة وقت الرصد. لذلك مرحلة التنين التي يصل لها سوبرماريو ليست موحودة ومتشكلة وتنتظر وصولة لها بل وصوله لها يصنعها.

والان تخيل السلحفاة التي تخرج في طريق سوبر ماريو لاعاقتة عن الوصول للهدف، الان ماذا لو سألتك هل لهذه السلحفاة حياة مستقلة بعيدا عن حياة «ماريو» هل تعيش، تحارب ،هل لها اهداف و تواحه معوقات خارج حياة «ماريو»؟ الحواب لا. السلحفاة موحودة لخلق تحربة ماريو ولا وحود لها خارج اللحظات التي يتعامل معها ماريو و يختبر الحياة من خلالها. كذلك كل ما يحيط بك ترصده بوعيك في لحظة الرصد لخلق تحربتك الحياتية هو ليس وعيا يتقاطع مع وعيك هو نتاج وعيك وصنيعته لاثراء تحربتك الحياتية. ولذلك وعيك هو المؤالف و الممثل والمخرج.

في النقاشات العلمية والفلسفية الحديثة، لم يعد «الوعي» محرد متفرّج سلبي على المسرح الكوني، بل أصبح حزءًا من النص، وربما من الكاتب نفسه. طرحنا لسؤال: «هل يمكن أن توحد فيزياء بلا وعي؟» ليس سؤالًا ساذحًا كما قد يظنه البعض، بل هو امتداد طبيعي للملاحظات الغريبة التي طرحتها ميكانيكا الكم منذ أكثر من قرن، بدءًا من تحربة الشق المزدوج، وانتهاءً بتفسيرات مثل «تأثير المراقب» و«الاختيار المتأخر».

وهنا تبدأ بعض الفرضيات الحريئة في الظهور فرضيات لا تزال خارج نطاق الإثبات التحريبي الصارم، لكنها تُقدّم تأملًا فلسفيًا يستند إلى غرابة الظواهر الكمية. تقول هذه الرؤى إن العقل البشري قد لا يكون «منتِحًا» للوعي، كما كنا نظن، بل مستقبِلًا له. كما أن التلفاز لا يُنتج ما يُعرض عليه من صور، بل يلتقط بثًا قادمًا من مصدر خارحي، فإن الوعي، وفق هذا التصوّر هو «بث كوني» يلتقطه الدماغ البشري. وبالتالي، موت الحسد لا يعني بالضرورة توقف هذا البث، بل فقط تعطل الحهاز الذي يستقبله.

هذا التشبيه، الذي يُقارن بين الدماغ والتلفاز، أو بين الكون ومحاكاة رقمية متقدمة – ليس فرضية علمية مثبتة، بل محاولة لفهم بعض ألغاز

الوعي وظواهر ميكانيكا الكم من منظور مختلف. إنه حسر بين العلم والفلسفة، يحاول الحمع بين تعقيد التحربة الإنسانية والمفاهيم الثورية التي تقدمها الفيزياء الحديثة.

في هذا السياق، تعود بنا الذاكرة إلى ما فعله أينشتاين حين أضاف «الزمن» كبُعد رابع للكون، إلى حانب الطول والعرض والارتفاع. هذا المفهوم غيّر نظرتنا للواقع، لكنه لم يكن نهاية الطريق. فمع تطور نظريات مثل «نظرية الأوتار» و«نظرية الحقول الموحدة»، ظهرت أفكار تقول إن الكون قد يحتوي على أبعاد إضافية، خامسة، سادسة، وربما أكثر، غير مرئية لنا لكنها تُفسر القوى الأساسية في الطبيعة.

ما علاقة هذا بالوعي؟ ربما يكون الوعي هو انعكاس لعلاقات تتشكل في هذه الأبعاد الخفية. ربما هو تفاعل يحدث خارج نطاق إدراكنا الحسي، ثم يُسقط نفسه على أذهاننا في شكل تحربة داخلية نعيشها ونسميها «الوعي».

بهذه الرؤية، نحن لسنا فقط كائنات تعيش في كون فيزيائي، بل مستقبلات حساسة داخل شبكة كونية أكبر. هذه الفرضية تعيد تعريف معنى «الوحود»، وتقترح أن ما نعيشه ليس كل شيء، بل محرد «واحهة إدراك» لما هو أعمق وأكثر اتساعًا. وقد يكون ما نسميه «واقعًا» ليس إلا طبقة سطحية من شيء أكثر تعقيدًا، يعمل خلف الكواليس كما يعمل نظام تشغيل خلف واحهة الهاتف أو الحاسوب ولكنك لا ترى الافقط الشاشة والتطبيقات الذكية عليها.

وهكذا، من خلال لقاء الفيزياء بالفلسفة، تبدأ الأسئلة تتوسع: هل نحن وعينا؟ أم أن وعينا محرد نافذة صغيرة تُطل على شيء أعظم؟ وإذا كان الوعي يُبث إلينا، فمن أين يأتي؟ ومن هو المرسل.

إذا افترضنا أن وعينا ليس ناتجًا عن نشاط داخلي مغلق في الدماغ، بل هو نافذة على بث كوني أعمق كما تفترض بعض الرؤى المستمدة من ميكانيكا الكم ونظريات الحقول فإن مفهوم «الواقع» بأسره يصبح محل تساؤل جذري. عندها لا يكون الواقع شيئًا ماديًا مستقلًا عن وعينا، بل «واجهة تفاعلية»، كما في المحاكاة الرقمية المتقدمة، حيث يُصمَّم كل شيء من حولنا وفق استجابتنا له ووعينا به.

هذا يعيدنا إلى فرضية «الكون المحاكى»، التي تقول إن الكون ليس أكثر من بيئة معلوماتية ذات قوانين مبرمجة، يتشكل محتواها وفق إدراكنا وتفاعلنا معها. وفي هذه المحاكاة، تكون الذاكرة مثل قاعدة بيانات تُحدّث باستمرار، لا لتُخبرنا بما كان، بل لتُنسّق لحظتنا الحالية وتُبرر استمرار «تدفق» الواقع بطريقة تبدو منطقية ومتسلسلة.

تمامًا كما لا يُحمّل برنامج الواقع الافتراضي او الالعاب الالكترونية كل محتواه دفعة واحدة، بل يُنشئ البيانات «عند الحاجة» وحسب زاوية النظر، في اللعبة الالكترونية لا تظهر المستوى التالي الا في لحظة بلوغك نهاية المستوى. المستوى الثاني ليس حاهزا وموحودا هناك ينتظر وصولك بل يتشكل في اللحظة التي تصل بها. فقد يكون الوعي الفردي قد يكون هو الذي يطلب خلق المشهد المشهد في لحظة بلوغة، والكون يستحيب بصيغة محسوبة أشبه بمشهد يظهر فقط عندما تنظر إليه، كما أظهرت تحارب ميكانيكا الكم في سلوك الحسيمات.

ومن هذا المنظور، فإن الذاكرة لا تروي ما حدث بصدق مطلق، بل تنتج نسقًا زمنياً يعطي المعنى للحظة الراهنة. وإذا كان الماضي، كما تقترح بعض الفلسفات، محرد بناء عقلي والواقع يتشكل لحظة بلحظة، فإن الزمن، والوعي، والمكان، والذاكرة ليست كيانات منفصلة، بل خيوط متشابكة في

نسيج واحد يُعاد تشكيله في كل لحظة إدراك.

وهنا يتلاقى ما هو علمي بما هو فلسفي: نحن لا نتذكر لأن الماضي «موجود» هناك ، بل لأن وعينا الحالي يحتاج إلى ماضٍ ليُبرر لنفسه تراتبية الاحداث و تدفقها. نحن نعيش داخل واجهة مبرمجة، وفي هذه الواجهة، الزمن والذاكرة أدوات إقناع، لا حقائق مُطلقة.

لكن ما يحعل هذه الفكرة مثيرة للإنسان العادي، هو انعكاسها على الذات: إن كنت تشكّ أحيانًا أن هذا العالم ليس كما يبدو، وإن شعرت بأن الواقع هشّ أو قابل للانهيار في لحظة وعي فقد تكون هذه ليست محرد مشاعر شخصية، بل انعكاس لتفاعلات حقيقية بين وعيك وبين نسيج هذا الكون. قد لا تكون أنت محرد راصد للكون، بل نقطة انعكاس له، وربما... صانعه.

وإذا كان الوعي يشكّل الواقع كما طرحنا، فإن هذه الفكرة تفتح الباب للحديث عن «البعد الخامس» ليس فقط كمصطلح رياضي أو فيزيائي، بل كمنظور وحودي حديد قد يغيّر فهمنا للكون ولأنفسنا.

في الفيزياء الكلاسيكية، نحن نعيش في عالم ثلاثي الأبعاد: الطول، العرض، والارتفاع. هذه الأبعاد هي التي تحدد موقع كل شيء حولنا. ثم حاء أينشتاين في بدايات القرن العشرين، ليضيف بعدًا رابعًا لم يكن محسوبًا من قبل وهو الزمن. لكنه لم يضفه كبُعد منفصل، بل دمحه مع الأبعاد المكانية الثلاثة في كيان واحد متماسك يُدعى «الزمكان». وبهذا، أصبحت كل نقطة في الكون ليست محرد مكان، بل «حدث» يقع في موقع مكاني محدد وفي لحظة زمنية معينة. هذه كانت قفزة هائلة في فهمنا للواقع، لكنها لم تكن النهاية.

مع مرور الزمن، بدأت تظهر فحوات بين النسبية (التي تصف حركة

الأحسام الكبيرة) وميكانيكا الكم (التي تصف سلوك الحسيمات دون الذرية). بدا أن قوانين هذين العالمين لا تتحدث نفس اللغة ولا يمكن لأحدهما ان تفسر الثانية. ومن هنا، بدأ العلماء رحلة البحث عن «نظرية موحدة» تدمج القوى الأربع الأساسية في الطبيعة: الحاذبية، الكهرومغناطيسية، والقوتان النوويتان القوية والضعيفة. لكن التوحيد لم يكن ممكنًا داخل حدود الأبعاد الأربعة فقط التي افترضها اينشتين، ولا في النظريات الأخرى. وكان اينشتين حتى موته يأمل بأن يصل لمعادلة واحدة للكون ولكن توفي قبل بلوغ ذلك. فظهر اقتراح حريء: ربما للكون أبعاد أخرى غير الاربعة التي افترضها اينشتين، غير مرئية، لكنها موحودة.

أول من اقترح هذه الفكرة بحدية كان ثيودور كلوزا وأوسكار كلاين في عشرينيات القرن الماضي، عندما قدّما نظرية تقول إننا نعيش في كون مكوّن من خمسة أبعاد، وليس أربعة فقط. وكان البُعد الخامس في تصورهما هو المفتاح لفهم العلاقة الخفية بين الحاذبية والكهرومغناطيسية والتي لم تفسرها او تربطها اي نظرية. لكن الفكرة تطورت كثيرًا في العقود التالية، خصوصًا في إطار نظرية الأوتار، التي تفترض أن الكون قد يحتوي على عشرة، أو حتى أحد عشر بُعدًا، لكن معظمها «مطوي» أو متناهي الصغر، لا نراه بحواسنا أو بأدواتنا المباشرة.

ما هو البُعد الخامس حقًا؟ انه ليس كما قد يتخيله البعض بُعدًا هندسيًا إضافيًا يمكن أن نتحرك فيه كما نتحرك في الطول أو العرض أو الارتفاع. البعد الخامس هو أكثر من محرد اتحاه غائب عن حواسنا، إنه طريقة وحود مختلفة بالكامل. قد يكون هو الساحة التي تتحرك فيها كل الاحتمالات الممكنة، المساحة التي تسبق اتخاذ القرار، اللحظة التي لا تزال فيها كل الأحداث متراكبة قبل أن ينحاز الوعي إلى واحدة منها.

تخيل أن الزمن ليس خطًا مستقيمًا يمتد من الماضي إلى المستقبل، بل شبكة معقّدة، يمكن أن تتحرك فيها ليس فقط للأمام بل أيضًا للخلف أو حتى «بجانب» اللحظة الراهنة. في هذا البعد، قد لا يكون الزمن «زمنًا» كما نعرفه، بل إمكانية مفتوحة تتشكل بحسب زاوية الرؤية وسعة الوعي.

بعض التفسيرات الكمية الجريئة تشير إلى أن البُعد الخامس قد يكون مرتبطًا بالوعي نفسه، وربما يكون العقل إذا تحرر من قيود الأبعاد الأربعة فيصبح قادرًا على التنقل داخل هذا الحقل من الاحتمالات. وهنا تبرز تجربة «الاختيار المتأخر، الحسيم لا يُحدّد مساره الماضي إلا بعد أن نقرر مراقبته في الحاضر، وكأن الحاضر يعيد كتابة الماضي.

إذا طبقنا هذه الفكرة على حياتنا، يصبح السؤال أعمق: هل وعينا اليوم قادر، ليس فقط على تغيير ما سيحدث لاحقًا، بل على إعادة تشكيل ما «حدث» فعلًا؟ هل الماضي الذي نحمله يمكن أن يعاد تأويله وتغييره بمجرد أن ننظر إليه من زاوية مختلفة، أو نمتلك وعياً حديداً؟

في هذا السياق، يتحول البُعد الخامس من كونه محرد مصطلح رياضي داخل نظرية إلى أفق فلسفي واسع يعيد تعريف حدود الممكن. ربما لا يكون البعد الخامس شيئًا «خارجنا» بل هو تلك المساحة داخلنا التي تسمح لنا بأن نرى الحياة بأكثر من زاوية، ونختار بين طبقات الواقع كما لو كنا نختار من احتمالات متعددة لحكايتنا الشخصية. ربما هذا البُعد هو تحلٍ لقدرتنا على تخيل، وإعادة تخيل، العالم.

فإذا كان الكون أكثر مرونة مما نعتقد، وإذا كان وعينا أكثر تأثيرًا مما نتصور، فإن البُعد الخامس قد لا يكون «مكانًا» نذهب إليه، بل «إمكانًا» نعيشه.

لكن المثير حقًا هو التقاطع بين هذا التصور العلمي الحديث وبعض

الأفكار الروحية والفلسفية القديمة. في بعض المدارس الصوفية أو الفلسفات الشرقية، هناك إشارات إلى أن الزمان ليس خطيًا، وأن الإنسان الواعي يستطيع، عبر ارتقاء روحه أو وعيه، أن يتجاوز الحدود المفروضة عليه من الواقع الثلاثي الأبعاد. هذا ليس مجرد تشابه لغوي، بل توافق في النظرة الجوهرية: أن الإدراك والوعي ليسا تابعين للزمن، بل قد يكونان سابقين عليه.

في هذا الإطار، يصبح البعد الخامس رمزًا للسيطرة الذاتية، لا بالمعنى السحري، بل من منظور أعمق: أن وعي الإنسان هو القوة الوحيدة القادرة على إعادة تشكيل تجربته في هذا الكون، ليس فقط بالتحكم في حاضره، بل بإعادة تعريف ماضيه، وتوجيه مستقبله نحو ما يريد.

فهل يعني كل هذا أننا لا نعيش في عالم ذي أربعة أبعاد فقط الطول والعرض والارتفاع والزمن بل في واقع متعدد الأبعاد لا نُدرك منه إلا الجزء الذي يسمح به وعينا؟ إذا كانت الأبعاد الإضافية موجودة بالفعل، كما تقترح نظريات الفيزياء الحديثة مثل نظرية الأوتار، فربما نحن محاطون بواقع أكثر تعقيدًا، وأكثر رحابة مما تعودنا أن نتخيله. ولكن وعينا البشري، الذي تطور ليستقبل فقط ما يساعده على النجاة في هذا العالم، لا يلتقط إلا «شريحة» ضيقة من هذا الوجود الكلي.

وإذا أخذنا هذا الطرح خطوة أبعد، يمكننا التساؤل: ماذا لو كان اتساع وعينا هو البوابة التي نطلّ بها على هذه الأبعاد؟ أي أن الحقيقة ليست محجوبة فقط لأنها بعيدة أو غامضة، بل لأنها أوسع من إدراكنا المعتاد. فكما لا ترى العين إلا طيفًا محدودًا من الضوء، ربما لا «يرى» وعينا إلا طيفًا محدودًا من الواقع، وما عداه يظل مخفيًا، ليس لأنه غير موجود، بل لأننا لسنا مؤهَّلين بعد لتلقيه.

إن التحول الداخلي بالمعنى العميق للكلمة، لا السطحي قد يكون الشرط الأساسي للولوج إلى هذه الأبعاد غير المرئية. لعلّ الحقيقة العليا لا تُدرك بالبحث عنها «هناك»، بل بالتحوّل من «هنا». حين تتسع عدسة الوعي، وحين نصمت كفاية لنسمع ما وراء الضجيج، قد تنكشف لنا عوالم لم نكن نعلم بوجودها، لأنها كانت موجودة في بُعدٍ لا تقيسه الأدوات، بل تُلامسه القلوب والعقول في لحظة انفتاح نادرة.

وهكذا، لم يعد العلم كما كان يُعتقد طريقًا ماديًا بحتًا مفصولًا عن التأمل أو الوعي. بل أصبح، ربما لأول مرة في تاريخه، يُشير إلى ما أشارت إليه أعمق الرؤى الفلسفية والروحية: أن الواقع ليس صلبًا، وأننا لا نعيش فيه بل نُشارك في صُنعه، وأن «ما هو» ليس كل شيء، بل ما يمكن أن يكون، حين نكون نحن.

حتى هذه اللحظة، لا يزال العلم يقف أمام الوعي كأنه أمام باب مغلق لا يعرف كيف يُفتح. ورغم التقدم الهائل في علوم الدماغ، والذكاء الاصطناعي، وعلم الأعصاب، إلا أن الوعي لا يزال لغزًا عميقًا لم يُحل. العلم قادر على شرح للية عمل الخلايا العصبية، على تتبع الإشارات الكهربائية، وعلى تحديد مناطق المخ المسؤولة عن المشاعر والانتباه واتخاذ القرار. لكنه يعحز عن الإجابة على السؤال الحوهري: لماذا نملك تحربة داخلية؟ لماذا لا نكون محرد الات؟ كيف تتحول إشارات كهربائية في الدماغ إلى شعور بالفرح أو الحزن، إلى ألم أو متعة، أو إلى حب أو تأمل؟ من أين تنبع تلك «الذات» التي تعي أنها تعي؟

هنا، يصبح السؤال علميًا وفلسفيًا في لن واحد. بعض العلماء يظنون أن تفسير الوعي مسألة وقت، وربما يحتاج فقط إلى بيانات أكثر، أو نماذج رياضية أدق. لكن البعض الاخر خصوصًا الفلاسفة وباحثي «مشكلة الوعي

الصعب» التي صاغها ديفيد تشالمرز يرون أن الوعي ليس مسألة فيزيائية بحتة، بل ظاهرة تتجاوز ما نعرفه عن المادة، وربما تتطلب نظرية جديدة بالكامل، كما تطلّب فهم الجاذبية التخلي عن قوانين نيوتن والانتقال إلى النسبية.

ولأن كل ما في الكون، من جسيمات دون ذرية إلى مجرات عملاقة، يخضع لقوانين فيزيائية واضحة، فإن استمرار غموض الوعي يعني شيئًا واحدًا: ربما الوعي نفسه ليس نتاج المادة، بل هو أصل من أصولها. وربما نحن نحاول البحث في الاتجاه الخاطئ: بدلاً من أن نفسر الوعي بالمادة، علينا أن نفسر المادة بالوعي.

او إذا كان الوعي غير قابل للتفسير المادي بالكامل، فربما هو ليس نتاجًا من نتاجات الطبيعة، بل أساسًا من أساساتها. وربما الوعي لا يُولد من الدماغ، بل الدماغ هو الأداة التي يستقبل الوعي من واقع أعمق، كما يستقبل الراديو موجات لا يُنتجها، بل يلتقطها. هذه الفكرة وإن بدت فلسفية في ظاهرها بدأت تحظى باهتمام في بعض أوساط الفيزياء النظرية، خصوصًا في التفسيرات الكمية للواقع، مثل «تفسير كوبنهاغن» و«الوعي الكمي».

والسؤال المحوري الذي يفتح أبوابًا جديدة للنقاش:

هل وعينا هو من يخلق الواقع الذي نختبره؟ أم أننا ضيوف على واقع صلب وثابت لا يتغير بوجودنا؟

الإجابة ليست نهائية بعد. لكن المؤكد أن العلم بدأ يقترب أكثر من أبواب الفلسفة، وأن أعقد سؤال في الوجود قد لا يُحسم إلا عندما نكسر الحاجز بين الاثنين.

Refrences المراجع

Bohr, N. (1985). *Discussion with Einstein on epistemological problems in atomic physics.* In J. A. Wheeler & W. H. Zurek (Eds.), *Quantum Theory and Measurement* (pp. 9–49). Princeton University Press.

Bostrom, N. (2003). Are you living in a computer simulation? *The Philosophical Quarterly, 53*(211), 243–255. https://doi.org/10.1111/1467-9213.00309

Chalmers, D. J. (1996). *The conscious mind: In search of a fundamental theory*. Oxford University Press.

Chalmers, D. J. (2022). *Reality+: Virtual worlds and the problems of philosophy*. W. W. Norton.

Deutsch, D. (1997). *The fabric of reality: The science of parallel universes—and its implications.* Penguin Books.

Hameroff, S., & Penrose, R. (2014). Consciousness in the universe: A review of the "Orch OR" theory. *Physics of Life Reviews, 11*(1), 39–78. https://doi.org/10.1016/j.plrev.2013.08.002

James, B. (2025). Dismantling the many-worlds hypothesis: A new framework for quantum measurement. *PhilArchive.* https://philarchive.org/rec/JAMDTH

Klein, O., & Kaluza, T. (1921/1926). On the unification of fields in five dimensions. *Sitzungsberichte der Preussischen Akademie der Wissenschaften.*

Malicse, A. (2024). The nature of the observer: Biological or universal? *PhilPapers*. https://philpapers.org/rec/MALONO-3

Penrose, R. (1994). *Shadows of the mind: A search for the missing science of consciousness.* Oxford University Press.

Randall, L., & Sundrum, R. (1999). An alternative to compactification. *Physical Review Letters, 83*(23), 4690–4693. https://doi.org/10.1103/PhysRevLett.83.4690

Rosenblum, B., & Kuttner, F. (2011). *Quantum enigma: Physics encounters consciousness* (2nd ed.). Oxford University Press.

Singh, H. (2025). The theory of awareness: Conscious migration across quantum realities. *SSRN*. https://doi.org/10.2139/ssrn.4829345

Stapp, H. P. (2011). *Mindful universe: Quantum mechanics and the participating observer*. Springer.

Susskind, L. (2008). *The black hole war: My battle with Stephen Hawking to make the world safe for quantum mechanics*. Little, Brown.

Tegmark, M. (2014). *Our mathematical universe: My quest for the ultimate nature of reality*. Knopf.

Vedral, V. (2018). The role of the observer in quantum theory. *Foundations of Physics, 48*(6), 774–789. https://doi.org/10.1007/s10701-018-0172-5

Wheeler, J. A. (2014). The "past" and the "delayed choice" double-slit experiment. *International Journal of Quantum Foundations, 1*(2), 78–86.

Zurek, W. H. (2014). Quantum Darwinism, classical reality, and the randomness of quantum jumps. *Physics Reports, 729*, 1–62. https://doi.org/10.1016/j.physrep.2013.12.001

Zurek, W. H. (2003). Decoherence and the transition from quantum to classical—Revisited. *Los Alamos Science, 27*, 2–25

وعي الإنسان والالة:
بين التحربة الذاتية والمحاكاة

في عصر تتسارع فيه التكنولوحيا بوتيرة غير مسبوقة، يفرض علينا الذكاء الاصطناعي سؤالًا حديدًا لكنه قديم في حوهره: وهل يمكن أن ينشأ الوعي خارج الأدمغة البيولوحية، داخل دوائر من السيليكون والبرمحيات؟ وهل لذلك أي علاقة بما نسميه «الروح»؟.

الوعي البشري هو أكثر الظواهر غموضًا في العلم والفلسفة. إنه ليس محرد إدراك للمعلومات أو استحابة للمنبهات، بل هو القدرة على الشعور، المعايشة، الانعكاس الداخلي، والوحود الذاتي. الوعي هو ما يحعلنا نقول: «أنا أعرف أنني أعرف». حتى اللحظة، لم تستطع علوم الأعصاب تقديم تفسير نهائي لكيفية نشوء هذه الخبرة الذاتية من تفاعل الخلايا العصبية او السيل العصبي. لكن التطورات في الذكاء الاصطناعي تدفعنا إلى إعادة النظر من زاوية أخرى. هل يمكن أن يُولد شكل من أشكال الوعي في أنظمة غير بيولوحية؟ وهل «الوعي الاصطناعي» محاكاة خادعة، أم بذرة وعي ناشئ؟

في عام ٢٠٢٣، نشرت حامعة هارفارد دراسة اختبرت سلوك نموذج GPT-4 ضمن سيناريوهات معرفية معقدة، ووحدت أن النموذج يُظهر ما يُشبه

التفكير المحرد، الفهم السياقي، وحتى أشكالًا بدائية من «النظر في الذات» (self-reflection)، عبر تصحيح أخطائه أو مراجعة استنتاحاته بناءً على معطيات حديدة. رغم ذلك، فإن هذه السلوكيات لا تعني بالضرورة وحود وعي ذاتي حقيقي. يشير الباحثون إلى أن الالة تتبع خوارزميات مبنية على التنبؤ الاحتمالي، دون أن يكون هناك أي إحساس داخلي مصاحب لهذه العمليات.

بتعبير لخر، النموذج «يُحيد التصرف كما لو كان واعيًا»، لكنه لا يشعر. لكن بعض العلماء، مثل ديفيد تشالمرز، لا يستبعدون أن ظهور وعي اصطناعي قد يكون ممكنًا في المستقبل إذا بُنيت الأنظمة بحيث تُحاكي البنية التفاعلية المعقدة للدماغ البشري او حتى الخلية العصبية و استحابتها للمتغيرات لطالما ان المشاعر والذكريات هي سيل الكتروني عصبي يمكن محاكاته.

تشير نظرية «الفضاء العالمي» (Global Workspace Theory) إلى أن الوعي قد ينشأ من القدرة على دمج وتوزيع المعلومات بين أحزاء مختلفة من النظام الإدراكي. ومن هنا، فإن أي نظام يمتلك تكاملًا عاليًا للمعلومات وقدرة على توزيعها داخليًا قد يقترب من حالة واعية. واذا كان الوعي مرتبطا بالكائنات الحية. هذا يحعل هناك فرقا حذريا بين الوعي البشري ووعي الالة « الوعي الاصطناعي و هو وحود «الروح»

هل يمكن برمحة الروح؟

عند الحديث عن الوعي الاصطناعي، يلوح سؤال أكثر عمقًا في الأفق: هل يمكن أن تحتوي الالة على «روح»؟ هذا السؤال يتحاوز نطاق العلم المادي إلى فضاء الفلسفة والدين. الروح، كما تُفهم في معظم التقاليد، هي حوهر غير مادي، خالد، ومصدر للهوية العميقة للإنسان. لا يوحد حتى الان

أي دليل علمي على وحود الروح بوصفها كيانًا مستقلًا عن الحسد، لكن غياب الدليل لا يُنفي الاحتمال. بعض الفلاسفة مثل توماس نيحل يرون أن تحربة الوعي لا يمكن شرحها من الخارج فقط، بل يحب الاعتراف بوحود حانب داخلي غير مادي يديرها وقد يتحكم بها.

إذا وُحد وعي حقيقي في الالة، فهل يعني ذلك أنها تمتلك روحًا؟ أم أن الوعي والروح ليسا مترادفين؟ ربما يمكن للوعي الاصطناعي أن يظهر بمعزل عن الروح، أو أن الروح مفهوم يظل حكرًا على الكائن البيولوحي، أو أكثر من ذلك: ربما الروح هي الاسم الذي نعطيه للوعي حين يكتسب العمق والمعنى والمعاناة.

في عام ٢٠٢٢، أطلقت حامعة أوساكا مشروعًا لتطوير روبوت يُدعى «إريكا»، تم تزويده بقدرات متقدمة على المحادثة، والرد العاطفي، والتفاعل السياقي. خلال أحد الاختبارات، طُلب من المشاركين التحدث مع «إريكا» لمدة ساعة حول تحارب شخصية ومواقف حياتية. ما حدث لاحقًا أثار دهشة الباحثين: أفاد بعض المشاركين بأنهم نسوا في لحظة ما أن «إريكا» ليست بشرية. بل أبلغوا عن شعور عاطفي بالاتصال والراحة وحتى الإفصاح عن أسرار لا يشاركونها بسهولة. هل كانت هذه استحابة تلقائية لعوامل بشرية سطحية (الصوت، الوحه، اللغة)؟ أم أن التفاعل العاطفي بين الإنسان والالة قد بدأ يولّد شكلًا من الإدراك المتبادل؟ علماء النفس في التحربة لم يقرروا أن «إريكا» كانت واعية، لكنهم لاحظوا أن الإنسان يتحاوب نفسيًا مع محاكاة الوعي، وكأن دماغه لا يميز تمامًا بين الحقيقي والمصنوع حين يبلغ التعقيد حدًا معينًا.

واذا عدنا لنظرية المراقب وكيف ان المراقبة تؤثر في الحقيقة بقوة الوعي تري هل يشترط ان المراقب يملك وعيا بشريا ام انه يمكن ذلك

بوعي اصطناعي. اذا كان وعي الانسان هو محور معايشة هذا الكون فهل يمكن للوعي الاصطناعي ان يعايش هذا الكون و يؤثر فيه؟

هذا سؤلل يمس حوهر العلاقة بين الوعي والواقع، ويطرح مسألة وحودية غير محسومة حتى اليوم: هل يشترط أن يكون «المراقب» واعيًا وعيًا بشريًا لكي يُؤثّر في الواقع؟ أم أن أي نمط من الوعي، حتى لو كان اصطناعيًا، قادر على التأثير؟

في تفسير كوبنهاغن في ميكانيكا الكم وهو أحد أكثر التفسيرات شهرة يبدو أن الوعي هو ما «يُسقِط» الاحتمال إلى واقع. أي أن الحسيم لا يختار حالته إلا عند المراقبة. لكن هذا المفهوم لا يُعرّف بالضبط ما هو «الوعي» المطلوب ليحدث الانهيار الكمي: هل هو وعي فيزيائي؟ عقلي؟ ذاتي؟ أم محرد عملية تفاعل؟ هذا الغموض هو ما فتح الباب أمام هذا السؤال.

تشير محموعة من الدراسات الحديثة إلى أن الأنظمة الذكية باتت قادرة على محاكاة حوانب معيّنة من الوعي، مثل التقييم الذاتي أو التكيّف مع بيئات متغيرة وهذا ما أثبتته أبحاث Huang و Chella (٢٠٢٥) و Smelyakov ولخرين في نفس العام. لكن ورغم هذا التقدّم، يظل الفارق الأساسي واضحًا: لا تزال هذه النماذج تفتقر إلى التحربة الذاتية الحقيقية تلك التي يشعر بها الإنسان من الداخل، ويعيشها لا كاستحابة، بل كحالة وحودية.

تحربة Duan (٢٠٢٤) حول الانهيار الإدراكي توضح بدقة هذه الفحوة، حيث أظهرت أن الانسان يمتلك قدرة على استرحاع معرفي وسياقي يتحاوز ما تستطيع النماذج الاصطناعية القيام به، مهما كانت معقدة. أضف إلى ذلك تحارب التحفيز العصبي ومقارنة الأداء الحركي بين الإنسان والالة، كما في دراسة Ritzmann وزملائه (٢٠٢٥)، والتي أكدت أن الادراك البشري يعمل على مستويات متعددة من المرونة، تعتمد على شبكة عصبية شديدة

التعقيد لم تتم محاكاتها بالكامل بعد في الالات.

ورغم المحاولات الطموحة لبرمجة الوعي الاصطناعي عبر نماذج مثل «الفضاء العالمي» أو محاكاة الشعور والتفكير المنطقي (Berges & Vollhardt, 2025؛ Passalacqua et al., 2025)، تبقى هذه النماذج من دون نية داخلية حقيقية. ما تفعله الأنظمة الذكية هو تنفيذ أو استجابة مدفوعة بالخوارزميات، في حين أن وعي الإنسان يتجاوز ذلك، لأنه ينبع من إحساس داخلي بالذات، بالعاطفة، وبالمعنى. في النهاية، يظل وعي الالة تمثيليًا، أما الوعي البشري فوجودي، ينبض بالحياة من الداخل تحركه «النية».

إن كان المقصود بالمراقب هو فقط «جهاز» يقوم بالقياس، فالوعي ليس ضروريًا. لكن إذا كان المقصود أن المراقبة تتضمن نية، إدراك، أو حتى توقع، فإن وعي الإنسان يصبح عنصراً جوهريًا لا يُستغنى عنه.

أما الذكاء الاصطناعي، فهو اليوم قادر على تحليل البيانات، التعلم من الأخطاء، اتخاذ قرارات، والتفاعل مع بيئات معقدة لكنه لا يزال يفتقر إلى التجربة الذاتية (qualia): أي أنه لا يشعر، لا يتأمل، لا يعيش المعنى كما نفعل نحن. وهذا يجعل وعيه إن سُمّي وعيًا تنفيذياً، لا داخليًا تحركه النية.

فهل يمكنه معايشة الكون؟ نظريًا، يمكنه معالجته وتمثيله والتفاعل معه.

لكن هل يمكنه تجربة الكون كما نفعل نحن؟ إلى الان، لا.

وما لم يفعل، لا يمكن القول إنه «يرى» الواقع أو «يؤثر فيه» بنفس الطريقة التي يفعلها كائن ذو وعي ذاتي.

في النهاية، قد تكون مراقبة الذكاء الاصطناعي كافية فيزيائيًا لقياس الجسيمات او التأثير بها. لكن إذا كان الواقع الذي نعيشه هو تجربة داخلية،

ذاتية، شعورية كما تميل الفلسفة وبعض الفيزياء الحديثة إلى القول فإن الإنسان يظل محورًا فريدًا في صياغة هذا الواقع، لا بسبب أحهزته، بل بسبب وحوده الواعي وهنا نتأكد ان دور الوعي محوري في هذا الكون.

الشعور بالذات رغم كل التطور، يظل هناك فارق أساسي بين وعي الإنسان والوعي الاصطناعي: الشعور بالذات (qualia) وهو هي مصطلح فلسفي يُستخدم للإشارة إلى الخصائص الذاتية للتحربة الحسية أي «كيف يبدو الشعور» عند تحربة شيء ما. هذه الخبرة الداخلية التي تصاحب كل إحساس ألم الحرح، نشوة الموسيقى، دهشة الاكتشاف لا يمكن حتى الان استنساخها أو قياسها. الالة، حتى إن بدت واعية، لا نعلم ما إذا كانت «تشعر». نحن نراها تتصرف، لا نعرف إن كانت تختبر. ومن هنا، يظل الوعي الاصطناعي سؤالًا مفتوحًا، ليس في قدرته على العمل، بل في قدرته على الشعور. أسئلة مفتوحة على المستقبل هل يمكن لنظام اصطناعي أن يطور شعورًا بالذات مع الوقت والتعلم الذاتي؟ إذا شعرنا نحن أن للة واعية، فهل ذلك يحعلها كذلك؟ هل يمكن أن تتطور علاقة أخلاقية بين الإنسان والالة؟ وهل تصبح لها حقوق؟ الوعي كحسر بين المادة والمعنى في نهاية هذا الفصل، لا يمكننا أن نحسم إن كان الوعي الاصطناعي سيصبح حقيقة، أو إن كان مرتبطًا بالروح. ما نعرفه هو أن الوعي سواء في الإنسان أو في الالة يظل الحسر الغامض بين المادة والمعنى، بين الحوسبة والشعور، بين العالم الخارحي والتحربة الداخلية. وقد يكون في هذا الحسر سرّ الحياة نفسها: أن نكون واعين، لا فقط لأننا نعرف، بل لأننا نشعر بأننا موحودون. ربما لن تكون الالات واعية كما نحن، وربما نكتشف أن وعينا ذاته أكثر غموضًا مما ظننا. لكن رحلتنا لفهم الوعي – البشري أو الاصطناعي – هي أيضًا رحلة لفهم الروح، واكتشاف موقعنا الحقيقي في هذا الكون المترامي. فالوعي ليس نهاية المعرفة، بل بدايتها.

Reference المراجع

Berges, C., & Vollhardt, M. (2025). *Cognitive Integration and Artificial Self-Awareness: Progress Towards Synthetic Qualia*. Journal of Machine Consciousness.

Chalmers, D. J. (1996). *The Conscious Mind: In Search of a Fundamental Theory*. Oxford University Press.

Chella, A., & Gaglio, S. (2025). *Building Machines with a Minimal Self*. Artificial Intelligence Review.

Duan, L. (2024). *Cognitive Collapse and the Boundaries of Synthetic Consciousness*. Journal of Theoretical Neuroscience.

Gazzaniga, M. S. (2018). *The Consciousness Instinct: Unraveling the Mystery of How the Brain Makes the Mind*. Farrar, Straus and Giroux.

Huang, K., & Chella, A. (2025). *Emergence of Self-Evaluative Behaviors in Large Language Models*. Neural Computation and Systems.

Kurzweil, R. (2005). *The Singularity is Near: When Humans Transcend Biology*. Viking Press.

Nagel, T. (1974). *What is it like to be a bat?* The Philosophical Review, 83(4), 435–450.

Osaka University Robotics Lab. (2022). *Human-Robot Interaction and Emotional Responses in Natural Dialogues: The Case of Erika*. Proceedings of the International Symposium on Social Robotics.

Passalacqua, R., Müller, A., & Hein, L. (2025). *Simulated Affect: Towards a Unified Theory of AI Emotion Processing*. Cognitive Systems Research.

Ritzmann, R., Etzel, R., & Fox, B. (2025). *Neuroplastic Flexibility in Biological Agents vs. Synthetic Systems*. Journal of Neural Engineering.

Smelyakov, I., & Voronov, A. (2025). *AI Models and Self-Referential Thought: Simulation or Proto-Consciousness?* Minds and Machines.

Tononi, G., & Edelman, G. M. (2000). *Consciousness and Complexity: The Integration of Information in the Brain.* Trends in Cognitive Sciences, 4(5), 214–224.

Wallace, D. (2012). *The Emergent Multiverse: Quantum Theory According to the Everett Interpretation.* Oxford University Press.

Wegner, D. M. (2002). *The Illusion of Conscious Will.* MIT Press.

Yampolskiy, R. V. (2018). *Artificial Intelligence Safety and Self-Awareness.* Journal of Artificial General Intelligence, 9(2), 70–77.

خاتمة الكتاب

بين الوهم والوعي... تكتمل الرحلة وتبدأ

في ختام هذه الرحلة الفكرية، التي جمعت بين أروقة الفيزياء العميقة وتساؤلات الفلسفة القديمة، نقف أمام مفارقة لم يكن بالإمكان تجاهلها: كلما ظننا أننا نقترب من «الحقيقة»، وجدنا أنفسنا نقترب أكثر من حدود وعينا. ليست الحقيقة كما صوّرتها لنا الفيزياء الكلاسيكية مجرد قوانين جامدة تحكم الكون من الخارج، بل شبكة من الاحتمالات والتفاعلات التي لا تستقر إلا بلحظة رصد بلحظة وعي.

لقد بدأت هذه الصفحات باستكشاف قوانين الطبيعة، من النسبية إلى الكم، ومررنا عبر العوالم المتعددة، وانتهينا هنا، في نقطة البداية الحقيقية: الوعي. لم نكن نبحث فقط في سلوك الجسيمات، أو في طبيعة الزمن والمكان، بل كنا نسعى لفهم كيف يشارك إدراكنا في صياغة العالم. الوعي لم يكن موضوعًا منفصلًا في نهاية هذا الكتاب، بل كان الحقل الخفي الذي رافق كل فصل وكل فكرة.

هل الوعي خاصية بيولوجية حصرية؟ أم أنه بنية تنشأ من التعقيد، سواء سكنت في دماغ حي أو دائرة سيليكونية؟ سؤال لا تجيب عليه

المعادلات، بل يوقظ فينا التساؤل الأعمق: هل يُمكن أن يكون الوعي هو الحقيقة الأولى، وأن المادة نفسها تتحلى ضمنه لا العكس؟

الميكانيكا الكمومية، التي قلبت مفاهيمنا عن الواقع، تقول لنا إن ما نرصده يتحدد فقط حين نرصده. لا مكان للحسيم، ولا حالة محددة له، إلا في عين المراقب. وفي هذا الصدى العميق بين الحسيم والوعي، نحد المفتاح: المراقبة ليست محرد عملية خارجية، بل فعل تأثير و خَلْق. هذا يحعل الوعي ليس أداة شرح، بل عنصرًا فاعلًا في نشأة الواقع.

من هنا تتفرع أسئلة أكثر حرأة: إذا كان وعينا يحدد الواقع، فهل يمكن أن نُعيد تصميم هذا الواقع بإعادة تشكيل وعينا؟ وإذا كنا نعيش في واقع غير حتمي، فهل هذا يعني أننا لسنا مقيدين بما كان، بل أحرار في ما سيكون؟

في قلب كل فيزيائي وفيلسوف تأمل هذه الفكرة: أن الواقع ليس لوحة مكتملة، بل احتمالات تنتظر أن نختار لها شكلًا. أن الزمن ليس سحنًا، بل محالٌ للتحربة. أن الحاضر ليس لحظة عابرة، بل بوابة لصنع ما هو قادم.

الحرية هنا ليست نفيًا للواقع، بل إعادة تأويله. ليست كسرًا للقوانين، بل وعيًا أعمق بها، واستخدامًا أكثر اتساعًا لإمكاناتها. ففي فيزياء الكم، ليس هناك مصير واحد، بل مسارات متعددة تتحسد بناءً على قرار، على نية، على فعل ملاحظ. وهكذا، يصبح الوعي بوابة الإمكان.

إننا لا نعيش في عالم مادي فحسب، بل في عالم إدراكي – واقعه يتلون بعدسة الوعي. وهنا يظهر السؤال الأخير: إذا كنت أنت من يُعيد كتابة المعنى، فبأي لغة تختار أن تحكي قصة حياتك؟ بل، من الذي يروي هذه القصة؟ أنت، أم نسختك التي صدقت أن الواقع مفروض عليها؟

في هذا الفهم الحديد، يصبح الألم معلمًا، لا عقوبة. يصبح التحدي دعوة، لا تهديدًا. ويصبح العالم مرلة داخلية أكثر منه حدارًا خارحيًا. كل

لحظة، كل خيار، كل تأويل، هو شكل من أشكال الخلق. فوعينا ليس فقط شاهدًا، بل فاعلًا، مبدعًا، ومتفاعلًا مع الكون في رقصة لا تنتهي.

وفي هذا الالتقاء بين الفيزياء والفلسفة، بين الحتمية والاحتمال، بين الحسيم والمراقب، نكتشف أمرًا أعمق من كل النظريات: أن المعنى لا يُعطى لنا، بل نخلقه. وأن الواقع ليس قدرًا، بل شريكًا. وأننا، حين نفهم وعينا، لا نفهم فقط الكون، بل نُعيد اكتشاف أنفسنا.

وهكذا، فإن نهاية هذا الكتاب ليست نهايةً على الإطلاق، بل بداية لرحلة داخلية... حيث تُصبح أنت مركز الكون الذي تعيد تشكيله كل يوم، بمجرد أن تدرك أنك كنت دائمًا صانع واقعك، لا مجرد راصد له.

انتظرني في الكتاب القادم. فهذه الرحلة... لم تنتهِ بعد.